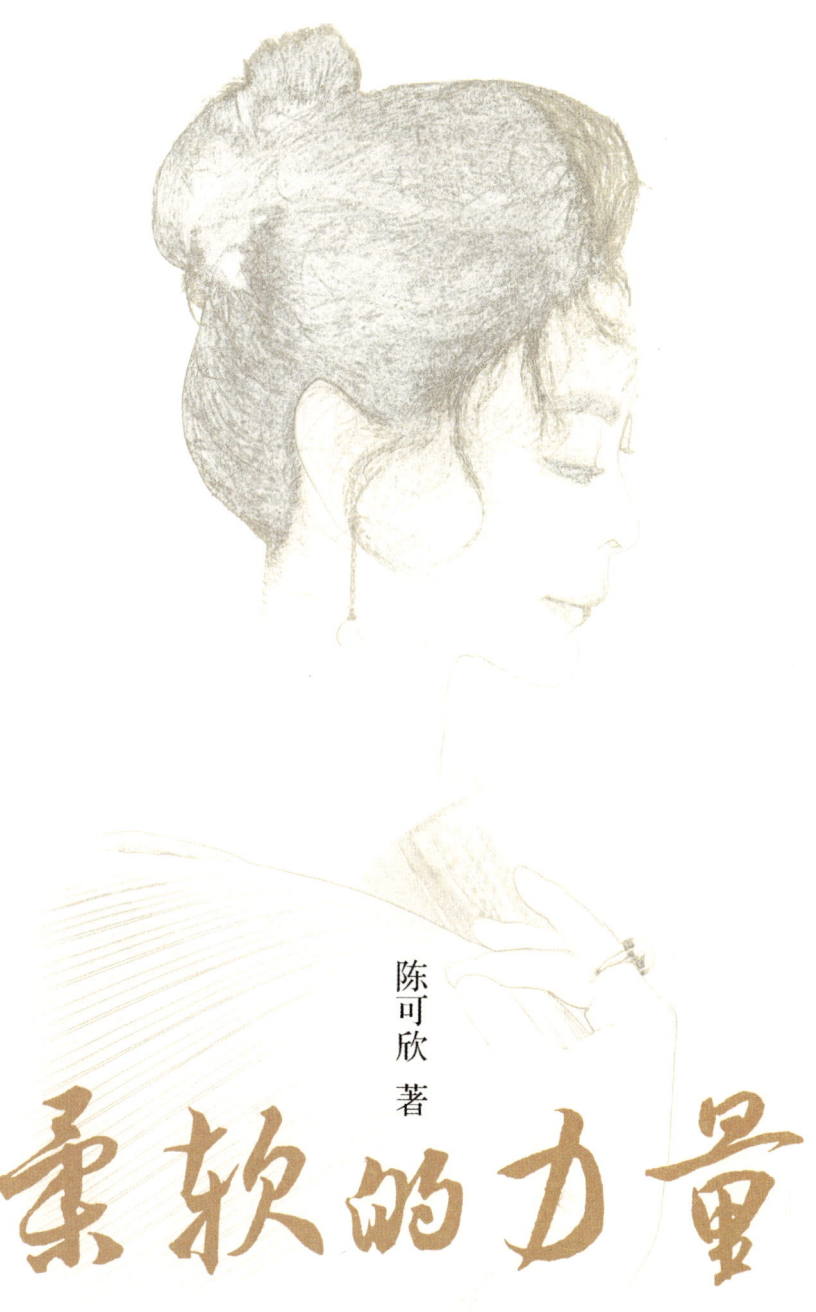

陈可欣 著

柔软的力量

中国纺织出版社有限公司

内 容 提 要

本书是一本结合了现代女性独立思想和古代优秀传统文化的特别之作。全书分为六章，第一章总体讲述什么是"柔软"以及"柔软"背后的传统文化智慧；第二章从"柔软"延伸至如何"做一个柔软的女人"；第三、第四章主讲"外修"，讲述女人如何修炼柔软的语言和柔软的身体；第五章回归内心，讲述如何由内而外生发出自然的柔软力量；第六章则讲述一个拥有了柔软外在和柔软内心的女人柔软而智慧的生活状态。从始至终娓娓道来，是一本充满女性力量的温柔之作。

图书在版编目（CIP）数据

柔软的力量 / 陈可欣著. —北京：中国纺织出版社有限公司，2024.1
ISBN 978-7-5229-1197-7

Ⅰ.①柔… Ⅱ.①陈… Ⅲ.①女性—成功心理—通俗读物 Ⅳ.①B848.4-49

中国国家版本馆CIP数据核字（2023）第209406号

责任编辑：向连英　　责任校对：王蕙莹　　责任印制：储志伟

中国纺织出版社有限公司出版发行
地址：北京市朝阳区百子湾东里A407号楼　邮政编码：100124
销售电话：010—67004322　传真：010—87155801
http://www.c-textilep.com
中国纺织出版社天猫旗舰店
官方微博http://weibo.com/2119887771
北京华联印刷有限公司印刷　各地新华书店经销
2024年1月第1版第1次印刷
开本：880×1230　1/16　印张：6
字数：100千字　定价：68.00元

凡购本书，如有缺页、倒页、脱页，由本社图书营销中心调换

前 言

这是我第一次过一个人的春节，思念与寂寞的煎熬，给本应喜乐的节日加入了一丝凝重，也增添了我对远方父母的忧心和对身边亲朋好友的关心。

隔窗看着寂静的楼群，街道上昏黄的灯光下，只有偶尔闪过的车辆，我不禁泪流满面，内心深处最柔软的地方从伤感生发恐惧。我静静坐回书桌前，望向窗外，仰望着星空，遥远的星辰不停闪耀，清冷静谧。回首往事，我感慨万分，打开电脑，敲下五个字"柔软的力量"，也许这就是一个柔弱女子在失落中所发出的感慨吧！

本以为我可以柔弱地做一个"小女人"，却发现我已经活成了不畏风雨的"女汉子"。而正是这"女汉子"的力量使我的内心变得如此强大，也正是这种似柔亦刚的力量让我在竞争激烈的职场上找到了自己的生存空间。

有多少委屈，有多少心酸，无人知晓，在我心情不好的时候，也曾想有个肩膀依靠，给我温暖、给我安慰、给我力量，并不是我内心不够强大，而是我内心也有柔弱的时候……然而

柔软的力量

我最终选择了"内求",见地扎根。

柔软与力量,不矛盾吗?

老子言:天地间至刚者,必为至柔;女子因其至柔,而成至刚。

柔软的女人,其实坚强而有力,包容万物,就如那珍珠蚌用它最柔软的肉身包裹着沙粒,以此孕育出最璀璨的珍珠。

女子之美,美就美在柔情似水,这种美不会因为环境的改变而改变,更不会因岁月的侵蚀而流失,会永远散发着迷人的女人味。

《道德经》是一部伟大的哲学著作,是一部关于世界观的智慧学。老子哲学的核心用一个字来概括就是"道",既是人生之道,又是天地之道,无为自然、无欲不争、无形自化、无动清净、无强柔弱。

通过读《道德经》而生发出来的"柔软的力量",也是我在经历人生各种考验之后能挺过来的一股无形的支撑力量。可谓是逆风勇飞翔,柔软传力量。老子在《道德经》是这样描述柔弱的:"人之生也柔弱,其死也坚强。草木之生也柔脆,其死也枯槁。故坚强者死之徒,柔弱者生之徒。是以兵强则灭,木强则折。强大处下,柔弱处上。"

译成白话:人活着的时候身体是柔软的,死了以后身体就变得僵硬。草木生长时是柔软的,死了以后就变得枯槁了。所以坚强的东西属于死亡一类，柔弱的东西属于生长一类。因此，用兵逞强就会遭到灭亡，树木强大了就会遭到砍伐摧折。凡是强大的，总是处于下位，凡是柔弱的，反而居于上位。

所以两者看起来虽然像是对立的，但却也是同时存在的。最坚硬的通常是最脆弱的，最柔软的反而可能是最坚强的。

一般人认为女性是温柔的、柔和的，男性应该是刚强的。但是，难道男性就不需要柔软的态度吗？当然不是。其实，女性在柔软中本就带有刚强，而男性刚强中也带有柔性。所谓"大丈夫能屈能伸"，能屈能伸才是大丈夫的特质。而大丈夫并非特指男性，女性也一样。

李世民《赐萧瑀》："疾风知劲草，板荡识诚臣。勇夫安识义，智者必怀仁。"所以柔是生存之道。以柔克刚，弱能胜强。

《道德经》写道："上善若水，水善利万物而不争。"水能滋润万物而不与万物相争，柔软的女人，就似那水，可滋养万物，懂得将心比心，最是善解人意。

以水举例，水是柔软清净的，无色无味，但是它能渗透坚硬的物质。对于一个人来说，那些看似柔软的德行，才是能够衬托人生的关键要素，而一味地以"强硬"自居，最终给自己带来的只有伤害。

《道德经》中说："天下之至柔，驰骋天下之至坚。"一个人处世时，无论处在什么样的位置，得人心自能够得天下，而强

硬是失人心的。

以仁德之心和柔软之姿态去征服别人，才是最合理的方式，但这并不是懦弱，这叫以柔克刚。

人的性格都是有两面性的，一面柔软，以便尝透薄凉也能至真至纯；一面刚强，以便应对未知的世界。

内心柔软的坚强者，在坚定如钢的意志之中，也具有同情、善意、怜悯之心，这样的人既可成为战友，同时还可成为灵魂伴侣。

我们常说："愿你柔软而坚韧。"柔软指的是面对他人有一颗温柔而慈悲的心；坚韧指的是面对困顿有与之对抗的力量与勇气。

我们每个人都是在学会接受生活的快乐与痛苦中成长的。

每个人在生活中都会碰到很多挫折或者不开心的事，失败后的苦涩、困境中的迷茫……这些都是我们生命中无法逃避的一部分。

当我们可以坦然地面对苦涩，就可以准备迎接生活里的快乐了。你所承受的痛苦，也必将成就你的人生。

所谓美好，来自感受；所谓强大，来自包容。而你所能感知的美好与强大则大多源于柔软。这是从古至今的中国哲学，若你能感受到柔软的力量，你自然会找到一切释然的出口。

人的出生无法选择，但人生自己的未来和自己的态度完全可以自己选择，心若向阳，何惧忧伤。

记住，有时柔软或许比强硬更具有强大的力量。从生发写《柔软的力量》的念头，到可以出版用时3年，沉淀了我10年的传统文化国学探索之路。谨以此书献给有缘人，感谢一路见证并帮助过我的良师益友们，希望读者多多提出宝贵意见并予以指正。感恩遇见，有你真好！

陈可欣

2023年8月8日

目 录

第一章
柔软之道

003　柔软，是最坚强的力量

009　读懂"阴柔"的智慧

012　弱德之美

015　爱是一切的根源

020　柔性魅力的钥匙掌握在自己的手里

第二章
做个柔软的女人

027　拥有一颗柔软心

030　精神独立的人更自由

033　柔软力是可以培养的

042　做自己情绪的主人

050　放下别人的错，解脱自己的心

第三章
语言的能量与吸引力法则

055　为什么要提高语言修养

060　语言的能量与吸引力法则

064　不要让语言暴力伤人伤己

069　用柔言善语温暖他人，照亮自己

第四章
与身体对话

075　优雅仪态养成计划

079　情绪管理造就优雅体态

082　好好生活，好好去爱

090　人生有味是清欢

第五章
偷得浮生半日闲

095　关于"忙"和"闲"

098　人淡如菊，心如止水

102　坦然面对自己

106　也谈知足常乐

110　不争、不辩的处世智慧

第六章
过有松弛感的生活

117　女人如茶、如酒、如咖啡
124　外表：优雅女人不可或缺的资本
129　气质：知性女人的自我修养
132　读书：增长女人的灵性
137　旅行与音乐：过一种从心所欲的生活

147　嘉宾感悟分享
175　后记

第一章　柔软之道

第一章 柔软之道

柔软，是最坚强的力量

"柔软"，是一个充满智慧和希望的词。

《说文解字》的释义是："柔，木曲直也。"

所谓"柔"，就是木头那软和的、可以随时根据火候变曲或变直的质地。《道德经》第二十二章说："曲则全，枉则直。"一个能够承受委曲的人反而能够保全自己，一个懂得屈身的人反而能让自己得以伸展。正如河上公所谓"曲己从众，不自专，则全其身；枉，屈己而伸人，久久自得直"。

柔，在很早的时候指草木始生，幼嫩的样子。《诗经·小雅》中《采薇》诗说："采薇采薇，薇亦柔止。"《道德经》第十章中说："专气致柔，能婴儿乎？""柔"是朝气蓬勃的象征。

"柔"又指柔软，与"刚"相对，如《易经·坤卦》中"坤至柔，而动也刚"。坤卦作为至柔至阴的代表，同时也是至刚的，正如《道德经》第七十八章谓："弱之胜强，柔之胜刚。"

孔颖达疏《易》曰："柔，弱。"《玉篇》中说："软，柔也。""柔""软""弱"在意义上是相通的。

柔软似水，内心包容万千，待人和善温和；柔软如风，无论和谁相处，皆是如沐春风。

柔软，比刚强更有力；柔软，比坚韧更智慧。

老子的《道德经》被称为中国历史上第一部哲学著作，共81章，5162个字，可谓字字珠玑。而老子在《道德经》一书中，一共提到了10次"弱"和11次"柔"，可见在道家思想中对"柔弱"的强调。

弱，即物之初生，是一种力量的持续，象征着生意盎然。《道德经》第四十章中说："弱者道之用。"在老子的世界里，"柔弱"是新生的、活泼的、发展的事物，是希望的象征，具有生机勃勃的生命力。

《道德经》里一再赞美"柔弱"，反复说明"柔弱胜过刚强"。怎么理解呢？

包括人类在内的万事万物，都是由"道"衍生的，都要经过初生、发展、成熟、衰老、灭亡等生命的各个阶段，其中初生阶段是最接近"道"的。

老子在《道德经》里也是反复提倡回到婴儿般纯真质朴的状态，其五十五章中说到"含德之厚，比于赤子"，四十九章中说到"圣人皆孩之"，二十八章说到"常德不离，复归于婴儿"。

"柔弱",是初生之生命的特征,而初生阶段又是接近"道"的,所以"柔弱"是接近大道的东西,这才是老子强调"柔弱"的根本原因。

老子所提倡的守雌、如婴儿、比于赤子、恬淡为上、守柔、无为、好静、善下、抱朴……其目的都是让我们接近大道。柔软本是一种无力的表现,但要使柔软具有力量,这种能力并不是每个人都具有的。只有具备独立的人格、自信的直觉、谦逊的心态和善良的内心,才会使你的柔软拥有力量,正所谓大智若愚,长袖善舞。

柔软是人的一种本能,但使柔软具备战胜一切的力量,一定要有异于常人的坚毅与自律。

柔软是在平衡中达成所愿。

柔软的力量,是天下之至柔,驰骋天下之至坚。一个人成熟的标志,不是强装坚强,而是拥有柔软的力量。

柔软的力量,是交流中的温暖与善意。

《道德经》七十八章指出:"天下莫柔弱于水,而攻坚强者莫之能胜,以其无以易之。"

水,是最柔弱的东西,几乎就是"柔弱"的代名词。《道德经》第八章指出:"上善若水。水善利万物而不争,处众人之所恶,故几于道。"水,无私地利万物,处下不争,非常接近于

大道，这种特性，对我们如何做人有着指导意义。水能滋润万物而不与万物相争，柔软的女人，懂得将心比心，最是善解人意，就似那水，滋养万物。

我们学习柔弱，就是要学习水的特质，有一种低姿态，在放低姿态中修炼自己，正所谓"山低成谷，地低成海，人低成王"。对于大地而言，只有最低的地方才能容纳百川，最终成为大海。对于一个想融入大道的人来讲，只有清心寡欲、见素抱朴、淡泊宁静，把自己放低，时时谦逊，才能在生活中如鱼得水，接近大道。

老子说，世界上没有比水更柔弱的东西了，但是水却最能以柔克刚。老子用的一个词非常形象——驰骋。"天下之至柔，驰骋天下之至坚"，可见柔的力量是能够驰骋天下的！

我喜欢水的柔，喜欢水的美，喜欢水的洁净，喜欢水的淡然，喜欢水永远给人一种舒适、温馨、可亲的感觉。

我不算是天性聪慧的女性，没有天生丽质的容貌，没有过人的背景，没有令人崇拜的成功，但我为生为一个女人，我为自己能做到心中的柔软而感到欣慰。

对于女性来说，柔软不仅是一种智慧，更是一种境界。柔情是女性本色，是独具一格的内在气质，是女性似水温情的展现。女性的柔是一种力量，这种力量就是魅力。真正的柔软是一种发自女性内在的魅力，它能反映出一个女人的兴趣情调和品德修养。

朱自清先生的文章里有一段是这样说的:"女人有她温柔的空气,如听箫声,如嗅玫瑰,如水似蜜,如烟似雾,笼罩着我们。她的一举步,一伸腰,一掠发,一转眼,都如蜜在流,水在荡……女人的微笑是半开的花朵,里面流溢着诗与画,还有无声的音乐。"

心中柔软的女人可以折叠出很多层内涵,善解人意、宽容忍让、谦和恭敬、温文尔雅都不失为温柔。不仅可以表现在纤细、温顺、含蓄等方面,还可以表现在深沉、纯情、热烈等方面。

有的女人似猫咪一般柔软而温存;有的女人像一道潺潺的流泉,浑身上下都充满着柔情。

《道德经》所阐释的抱朴守真、轻利寡欲、致虚守静、无私不争、无为不矜、上善若水、以柔克刚、弱能胜强等处世原则,在今天读来,仍使我们收获良多。修习《道德经》对于我来讲已经成为一种习惯,更是一种精神生活,我希望能与老子面对面的对话,心与心的交流,希望能够全心投入一种无为之为的生命状态。

我在悟,在想,水和婴儿都是很柔软的,但也是最有生命力的。老子在《道德经》中讲的就是人生大智慧,人生智慧无外乎就是两点:一是做人,二是做事。

柔软的力量

我们每个人都具备其独特的品质,具有创造和创化的能力;每个人都具备伟大的、柔软的、美好的品质,所以每个人都很了不起。我们既要感受到自己生命的珍贵,更要懂得去珍惜自己。

做一个内心柔软的女人吧!像一缕清爽的春风,轻轻地拂过,暖暖的,柔柔的,似喃喃的耳语。居家的时候,把家布置得温馨浪漫,一尘不染,或手持一本时尚期刊,躲在沙发的一隅,慵懒地翻阅;或沏上一杯清茶,静静品读经典书籍,体悟生活中的点滴智慧。一个这样的女人,无论你在什么时候欣赏她,无论你是远观还是近看,她都给人一种美的感觉。

水是世界的源头,源头不浊,水流自然清洁。是而女子以至柔、无私、无争为修行的最高境界。

不管你有没有花容月貌、窈窕身材,但你是柔软的,这就是你最大的魅力。

读懂"阴柔"的智慧

无极而太极,太极生两仪,两仪生四象,四象生八卦。八卦是古代的阴阳学说。自然界有了阴阳之分,并赋予了男人阳刚之气,赋予了女人阴柔之美,这就是自然界的规律。

阴柔,是老子最重要的处世哲学,是生存法门、养生之道,是老子的第一法宝。老子赞美水、婴儿、女人,就是因为他看到了阴柔的力量。

女人的力量表现形式为柔韧,弹性就是女性的力量,是善于爱的女人特有的气质。弹性是外在的,灵性是内在的。灵性提升理解力,这样待人接物才会容易做到宽容、灵活。

真正的女性智慧,是女性向外表现大器、大度的根源所在。一个美丽的女性应内外兼修,内修习德,外服天下。

陈寅恪《柳如是别传》的封面有句话:"独立之精神,自由之思想",这是对智慧女人最好的总结与褒奖。

柳如是集才气、侠气、骨气于一身,对于柳如是的故事,大家都耳熟能详,不再多讲。陈寅恪所有不幸中的最大幸运,就是活在一群智慧而贤淑的女子所营造的温柔氛围里。除了他的妻子唐晓莹,还有女助手、女护士、女京剧演员等,这些女性共同形成了一道人间温情的屏障,抵御着外界的狂风暴雨,呵护着陈老先生独立之精神和自由之思想。

女人有多柔软,就有多智慧,而读懂"阴柔"的智慧,不论在何种情况下都能保持本性,知轻知重,从容自信。

卢梭说:"女人最重要的品质是温柔。"

一个柔软的女人一定是温柔的,在生活当中,女人有多温柔,就有多美好。柔软的女人,能用一腔柔情化解这个世界上的矛盾、冷漠和戾气,予人安慰与温暖。

柔软才是女人的本性,一颗柔软的心能感知生命的美好,能化解外在的冰冷。

大多数男人都爱女人的漂亮,但不知女人的温柔比漂亮更具魅力。漂亮是外在的,温柔则是内心的。内心的柔是一种情感,是爱。只有把外表的美和内心的柔结合起来才称得上完美。

什么是情,温柔就是情;什么是爱,柔性就是爱。试想,一个女人如果泼辣、粗野、蛮横,男人是不是会远离或躲避着她。

我国台湾作家林清玄的《你心柔软,却有力量》一书里写道:

唯其柔软,我们才能敏感;
唯其柔软,我们才能包容;
唯其柔软,我们才能精致;
也唯其柔软,我们才能超拔自我,在受伤的时候甚至能包容我们的伤口。

从他的文集中,我深深体会到作者是如何思考人生的:要以柔软心除挂碍,要以清净心看世界,要以欢喜心过生活,要以平常心生情味。

柔软是一种气质,是天性的善良,是发自内心的,是女性特有的魅力。有柔软心的女人就像水一样自如,懂得顺应情况变化。

一个眼神的释放,一句话语的表达,一个微小动作的安抚,都能展现女人温柔的关爱,温暖的体贴,给对方带来巨大的心灵抚慰。

柔软的力量

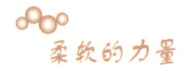

弱德之美

最近看到这样一份调查报告，是一位心理学博士曾经对1000多名单身男性进行的调查，问他们心目中最理想的女性是什么样子的？有10%的人说漂亮、性感，而剩下90%的男人则回答说"温柔的女人"。更有一个单身男性直言不讳地说，如果有两个女人让他选择，一个漂亮、性感、忠诚但脾气暴躁，而另一个外表平庸、容易红杏出墙，但温柔体贴，那么他将毫不犹豫地选择后者。这个回答的确让人出乎意料，我们再听他的解释："外貌并不重要，红杏出墙也是因为我做得不够好，所以这两点对于一个男人来说都无关紧要。可是，如果让我每天对着一个喜欢大吵大闹的妻子的话，我会疯掉的，那么我宁可打一辈子光棍。我可不想让自己每天都生活在地狱烈火般的煎熬之中。"

从这个解释里我们可以悟出什么？"弱德之美"。

女人的弱德是最令男人无法抗拒的,在男人眼里,温柔的女人是最聪明、最美丽、最迷人的。

"弱德之美"是叶嘉莹在美学上为朱彝尊词的幽约之美做出的独特诠释:"德有很多种,有健者之德,有弱者之德,这是我假想的一个名词。它有一种持守,有一种道德,而这个道德是在被压抑之中的,不能够表达出来的,所以我说这种美是一种'弱德之美'。我把它翻译成英文 The Beauty of Passive Virtue。"

叶嘉莹先生本人的婚姻生活是不幸痛苦的,先生本人却是"弱德之美"的身体力行者,以"弱德之美"面对暴风雨,坚强地持守自己,严格要求自己,无论多么艰难困苦,都尽到了自己的力量、责任。

具有弱德之美的女人总能给别人一种舒服轻松的感觉,同时也可以给自己幸福的滋味。只要一个女人站在眼前,甚至不用说话,就可以感受到这个女人是否温柔。女性温柔的最好体现就是通情达理。温柔的女人会更加细致周到,平时待人以宽,为人谦让,凡事多为人着想。这种细心的关怀和体贴比任何诱惑都更能让人心动。

事实上,人在寻找伴侣的时候,希望自己的伴侣能够理解自己,关心自己,并且让自己的心理得到抚慰。因此男人爱女人的柔性,爱听她温柔的话语,爱看她温柔的笑容,爱感受她

柔软的力量

温柔的抚摸。

具有弱德之美的女人是至柔的、是惹人怜爱的，也是至坚的、是外柔内刚而内心强大的。

一个具有弱德之美的女人，更是智慧和大爱并存的。只有做一个具有智慧与大爱的女人，才最能打动人心，最让人久久地留恋！

第一章　柔软之道

爱是一切的根源

爱是一个很温馨的词汇，是一种发自内心的情感，每个人都渴望爱和被爱。爱是灵魂的共鸣，是心灵的交集。爱是神圣的东西，是一种虚无缥缈的心境。

诺贝尔和平奖获得者特蕾莎修女对全世界人民说："有了爱就有了一切！"我非常喜欢特蕾莎修女的这句话。我最信奉的一句话："爱是一切的根源。当你的内心充满爱时，爱就是打开你心灵之门的钥匙。"我希望人生的每一分收获都不是为了占有，而是为了分享，我愿意成为爱的天使，在弘扬中国传统文化和礼仪文化的道路上激励更多的爱心人士，共同携手传递爱。

那么爱究竟是什么？

美国心理治疗大师斯科特·派克在他的著作《少有人走的路》中曾给爱下过这样的定义："爱是为了促进自我和他人心智

成熟，而不断拓展自我界限，实现自我完善的一种意愿。"

而真正意义上的爱，既是爱自己，也是爱他人。爱，可以使自我和他人感觉到温暖，为他人着想，同时也是在强化自身成长的力量。只有自己的能量增强了，才能具有爱他人的力量。赠人玫瑰，手有余香，说的就是这个道理。

记住别人对自己的恩惠，洗去自己对别人的怨恨，人生的旅途才能晴空万里。有时候，一个发自内心的小小善行，就可能铸就大爱的人生舞台。

爱是自我完善，它意味着不断释放爱的能量，逐渐超越自我的界限。

从现在开始，学会一点点地爱自己，即便全世界都抛弃了你，你也要依旧对自己不离不弃！爱自己，好好审视自己作为生命个体所具有的高贵品质，用爱自己产生的能量去爱、去关怀、去包容别人。只有坚信自己是最美好的，只有深爱自己，才能释放出自己的真爱。当对方感觉到你的真爱的同时，你自己的心灵也会得到成长，你也会体验到莫大的喜悦，幸福感也会越发真实和持久。

著名作家罗曼·罗兰说："爱是生命的火焰，没有它，一切变成黑夜。"时光因爱而暖，人生因爱而美。没有爱，世界必将是一片荒芜。

所以说爱是一种生命现象，它属于人类的生命系统，是人的精神所投射的能量。爱，出自心灵，出自本然，是生命最美、最自然、最渴望的情愫和状态，是一个生命对另一个生命或事物的珍重、眷顾和牵念，是对世界的怜惜和悲悯。

爱是人性中最为光亮的部分，爱是滋养人性的源泉，可以衍生出一切美好的东西。当我们把爱传递给别人，精神上便得到了安慰，尤其是别人对你的爱予以回报时，那更是一种幸福。正如一个诗人所说："爱一个人时，他会对每个人都充满了善意，对花草树木也生温柔之情。"所以，生活于尘世之中，我们要去爱别人，才能更加爱自己。

有这样一个小故事：

在郊区的一间小茅屋里，一家三口正坐在一起准备吃晚餐。他们的粮食已经不多了，干净的旧木桌上只放着几个馒头，这就是他们全部的晚餐。

"咚！咚！"有人在敲门。女主人打开门一看，只见3个年轻的陌生人站在门口，一副风尘仆仆的样子。

她礼貌地打招呼："请问你们找谁啊？"

一个年轻人问："你家男主人在吗？"

"在呀！"

"事情是这样的，"一个年轻人开口说道，"上帝知道你们是一个幸福的家庭，听说你们的生活遇到了困难，特地派我们来

柔软的力量

帮助你们。"

年轻人接着说："我叫成功，另外两个叫爱和财富。在我们三个之间，你们只能选择一个，而且只有一次机会！"

屋里的男主人听见他们的谈话，惊喜地叫了起来："快，我们把财富请进来吧！女主人反对道："亲爱的，为什么我们不选择成功呢？有了成功，就有了鲜花和掌声，就有了一切！"

这时，坐在桌子旁边的小男孩开口了："爸爸、妈妈，我们还是把爱请进来吧！有了爱，我们不就更加幸福了吗？"

夫妻俩相互看了一眼，觉得儿子的话很有道理："对！我们还是把爱请进来吧！"

奇怪的是，当爱进门的时候，财富和成功也跟了进来。

女主人疑惑地看着他们："我们只说把爱请进来，你们怎么都进来了？"

三个年轻人异口同声地说："这就是上帝的旨意！"

爱出现在哪里，哪里就少不了财富和成功。拥有了爱，等于拥有了打开通向天堂大门的金钥匙，善用它，那么一切都会随之而生，比如财富、成功、机遇等。很多人总是千方百计地想得到财富和成功，而把爱拒于千里之外，最后却什么也没得到。在爱荒芜的地方，财富和成功还会降临吗？上帝给每个人选择的机会仅有一次，选错了，所有的一切都会错过。真正的爱，能够使人发生改变，能使自我更加完善，须以全部身心投入和奉献，付出全部的智慧和力量。使爱的对象得到成长，就必须付出足够多的努力，不然爱的愿望就会落空。唯有真正投入和奉献，才是实现爱最有效的方式。

全球著名两性关系专家《活在当下》的作者芭芭拉·安吉丽思曾这样说过："无论我们面对的问题是什么，无论我们遭遇的困难是什么，解决的办法都是爱。"

无论经历何种困境，我们在关爱他人的同时，更应关爱自己；无论别人怎么挑战我们，我们都要爱身边的人。因为爱是一种快乐的付出，在爱别人的同时，自己也会得到满足而感到幸福。

不去爱人，不去关爱我们身边的人，是一种残忍、一种冷酷，甚至是心灵的一种罪过。

柔性魅力的钥匙掌握在自己的手里

只有坚强的人才能做到真正的温柔。表面上温柔的人,通常指的是软弱,这种软弱很容易会变成尖酸刻薄。

正如《道德经》所说:"天下莫柔弱于水,而攻坚强者莫之能胜。"因为水是最柔软的,水又是最坚定的。女人就像水一样,一个成功的女性既要有水的柔软,又要有水的坚定。

道德经说"上善若水",就是比喻完善的人格就像水一般,具有水一样的品质。

那么完善之人的品格是什么呢?真诚、正直、自律、坚韧、勇气,就是人类都要具备的一些好的品质。人们常常说性格决定命运,我认为是品行决定未来。人的性格其实大部分都是天生的,但是优秀的品行是可以后天修炼的。受家庭的影响,从小我的父母就注重对我品行的培养,我自己也很重视自省,经常通过不断地审视自己的内心,修正自己的行为和思想。

2018年我离开电视台，开始创业之路，我也经历过成功的喜悦与失败的沮丧。很巧的是，每当快要成功的时候，必然会有困难随之而来，总会有各种各样的考验，这时的我不仅不会烦恼，反而会觉得欣喜，因为我明白这意味着一次新的成功即将来临。当我付出努力战胜困难得到回报的时候，会感到如同登上高山的那种喜悦、畅快。其实人生之路就是修行之路。创业之路艰难，经历了岁月的洗礼，我学会处于低谷也坦然自若，学会躬身入局，懂得天下难事，必作于易；天下大事，必作于细。

上善若水，齐家有道。我们既要立业，又要齐家，那么最需要的就是要有包容的心胸。怎么去处理好工作、家庭的关系，成就幸福人生，最关键的就是"守道"。

《道德经》说水因地成形，可圆可方，不拘泥于具体的形式，可谓"天下至柔"。至柔的水，被老子称为"至善"，因为它利万物而不争，具有一种大爱无疆的品质。除了柔软，还要坚定，坚定的是什么？当一个人立定了志向，便好比水汇入奔腾的大海，知道了自己人生的去处，便义无反顾地投入其中。我所坚定的是"善念"和"善业"，我一直把做好事业，回报社会作为宗旨，在发展事业的同时不遗余力地参加社会慈善事业。

柔软的力量

2010年我开启了公益慈善之路,到如今已经有13年之久。我先后担任"中国少年儿童文化艺术基金会爱心大使""华语音乐排行榜关爱自闭症儿童慈善之夜爱心大使""中国人口福利基金会善基金公益爱心大使""中华思源基金会产业智库联盟爱心大使""中国国际救援中心公益救援形象大使"等。我想这些不仅是代表我个人的荣誉,更是代表了我们中国的慈善事业已经得到国际的肯定。曾经有人问我究竟是什么原因让你去做慈善?我认为,一个人的价值不是由你拥有多少财富去衡量,而是由你对社会贡献的大小去体现。作为一个企业家,用获得的财富去帮助社会中需要帮助的人,回报社会,这就是我的价值,因为这样我的人生才会更加有意义。

一个人真正的成熟,是柔软于形,坚定于心!心胸更加开阔,也更加包容;为人处世看似柔和,却坚定有力。

虽曾历经生活的磨难,但我总结出来一条人生哲理:人需要温柔与坚韧并具,不能因为柔软而懦弱,也不能因为韧劲而锋芒毕露,顺心顺意时要低调谦逊,身处逆境也要坚守勇敢。

如哲人名言"将命运掌握在自己的手中",柔性魅力的钥匙一定也是掌握在你自己手里的。

美丽不等于魅力,美丽只是构成魅力的一个部分,魅力是需要后天努力才能展现的一种迷人的力量。"你想拥有柔性的魅力吗?"用这个问题去问每个女人,回答一定都是肯定和明确的。但很多女人潜意识中总认为自己人已到中年,当失去青春时,也同时失去了追求美的动力和激情,这就是女性最大的悲哀。

那些吸引我们的魅力女性,大多懂得为自己的学历、知识、生活技能等付出足够的努力。这就如同你热爱文学、摄影或者绘画,你不付出艰辛的努力哪会出什么好的作品?

林徽因是一位很注意自己形象的女人,在家时对自己的形象也非常重视。一次萧乾去看望患着严重肺病的林徽因,她不是穿着睡衣躺在床上,而是穿着骑马装迎客,完全看不出这是一个病人。凡是特别富有魅力的女性,一定是为这份魅力付出了超常的努力。你能够坚持天天修饰自己吗?能够坚持控制饮食、天天运动吗?能够坚持学习提升魅力的方法吗?能够调整甚至改变不良的生活方式吗?魅力握在你的手中,你需要问问自己,你为魅力付出的努力足够吗?

法国女人是全世界公认的最优雅的女人,她们世世代代富有修炼魅力的意识。法国的母亲们非常注重女儿的体态、皮肤、神情、态度,热衷于让女儿参加舞蹈、音乐、表演等艺术方面的学习和训练课程,她们会为孩子们这方面的出色表现感到欣慰和自豪。

一位法国美容专家这样说过:"不要小看一个能够长久保持优美身材的女人,这通常是一个顽强和很有自制力的女人。"这

柔软的力量

就是说，女人美丽的身影背后不仅是形体的问题，也不仅是漂亮的问题，其中还折射出很多女性的内涵与素养。

一个女人要得到人们的欣赏和尊重，人格的完美非常重要，而内心的柔软更具力量，美好心灵比美丽外表更具魅力。

一个女人的外在美会随着时间而褪色，而内在美却会魅力永存！有一种女人，她像一块平平无奇的鹅卵石，陪衬着光彩夺目的美玉，但随着时光流逝，她褪去了青涩，过滤掉渣滓，留下来的是云清月朗的本质，这种女人便是内心柔软而有内涵的女人，所以内心的柔软更具力量。

第二章 做个柔软的女人

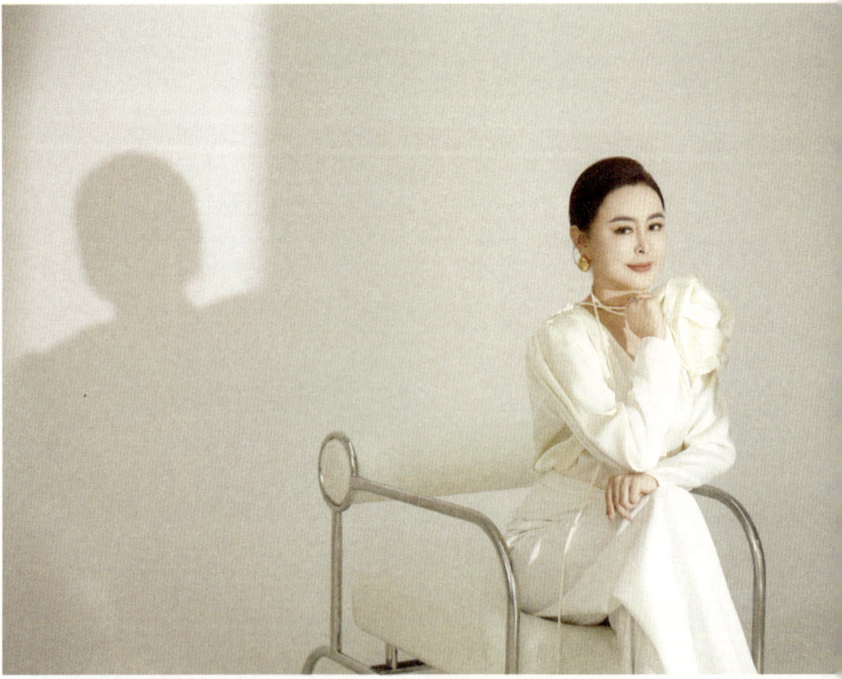

拥有一颗柔软心

柔软的女人，必定也有一颗柔软的心。一颗柔软的心能感知生命的美好，能化解外在的冰冷。

宋朝时，日本的开元祖师道元禅师来到中国求禅，回去时别人问他修到了什么？禅师说："别无所获，只修得一颗柔软心。"

大道至简，至高境界的修行也就是修得一颗柔软心。柔软心就是有一颗温柔而慈悲的心，强大而有力。

柔软其实就是一种包容万物的力量，拥有柔软心的女人，能以柔克刚，对人对事都懂得包容和退让，对生活充满热情和希望。

林清玄说："柔软心是我们在俗世中生活，还能时时感知自我清明的源泉。这样的心，最有力量，也是最恒常的。"

拥有柔软心的女人最有力量，柔软的力量像水一样流动，

柔软的力量

浸润滋养性情，能水滴石穿。一个女人的美好气质，不仅来自容貌和底气，更多的是来自柔软心的力量和清明。

那么，如何生发出一颗至强的柔软心呢？

要有一颗恭敬心，拥有一颗柔软心最重要的是要用对别人好来升华自己。用柔软心对待自己的父母、兄弟、姊妹和一切有缘人！

一颗柔软心使我们认清自己：真正的生活品质是一种求好的精神，不是丰富、高档的物质生活所能企及的。没有泛滥的攀比和奢靡的炫耀，保持理想，不管顺境、逆境，常怀感恩之心，认真努力，积极向上。

一颗柔软心使我们洞见人生智慧：不必羡慕象征富贵与吉祥的牡丹，只要真实纯朴，哪怕乡间一朵不知名的野花也能感知其美好。

其实，人生诸多智慧都在平常生活之中。看花赏月，焚香喝茶，因有了柔软心的细腻，皆可得感悟，正所谓"一花一世界，一叶一菩提"。

老子曾言："天地间至刚者，必为至柔。"女子因其至柔，而成至刚。

女子之美，美就美在似水柔情，但这种美不会因为环境的改变而改变，更不会受到岁月的侵蚀而流失，会永远散发着迷人的魅力。

柔软，意味着放松、温暖、接纳和畅通。

柔软了，我们方能进退自如；柔软了，我们方能包容万物；柔软了，我们方能无往不利。柔软不是软弱，是一种优雅、弹性的生活态度，是一种清明、淡然的心灵境界，更是一种生活的大智慧。

余生，就做一个柔软的女人吧！拥有至柔的力量，感受生命的美好，收获从容的人生！

精神独立的人更自由

一个女人最重要的特质，说到底无非就四个字：内在独立。

当一个女人能做到内在独立，就不会因为别人而随意改变自己，那么她的世界就是丰盈的。只有做到内在独立，才不会失去自我，才会把日子过成自己想要的模样。

《成为简·奥斯汀》中，有这样一句话："别在任何东西面前失去自我，哪怕是教条，哪怕是别人的目光，哪怕是爱情。"

做不到内在独立、失去自我的女人是很可怕的，她们不考虑自己的内在感受，不知道自己想要什么、喜欢什么；她们只考虑别人的喜好，以及自己这么做会不会让别人满意。这样的女人一定会将自己的生活过得一团糟，且很难拥抱幸福。

不依靠别人，是一个女人最明智的选择，在这个快节奏的时代，我们不能总想着依靠别人，因为靠山山会倒，靠人人会跑，只有靠自己才是最好的。

任何时候都要知道，一个做不到自我独立的女人，是无法掌控自己的人生的。

人作为一个独立的生命个体，为什么而活？人生的最高价值在哪里？这或许是无数人需要花一辈子的时间去思考感悟的。因为人不但需要经济基础，更需要精神支撑。女人的精神世界也可以是无比丰富的，因此女人精神的独立才是对自己的认可。

从来没有哪个时代像今天这般，女人可以在物质经济上保持独立，但在经济独立后，很多女人也并没有找到属于自己的幸福感，究其原因，是她缺少精神上的独立。

女人的精神独立更为重要，当精神世界被别人支配时，人生就会十分悲哀。女人的精神独立体现在她的思想是受自己支配的，而不会因为别人而盲目改变自己的行为。

有些人结婚后觉得自己依旧孤独，婚姻给自己带来的不是喜悦而是痛苦的加深。虽然两人距离很近，但没有了独立的思想，就难有思想和情感上的同频共振。

婚姻中如果失去了思想自由，就如鱼离开了水。精神独立的女人还需要从婚姻生活中腾出时间，独酌几杯美酒，独赏一下世界。比如，独自来一次短途的说走就走的旅行、独自看场午夜电影、独自到咖啡店看本书。婚后的自由同样是不可或缺的精神需求。

家庭中需要理解对方、包容对方，前提必须是双方经济独立和思想独立。

婚姻最好的相处方式就是，我们彼此相爱，也相互独立和自由。

第二章　做个柔软的女人

柔软力是可以培养的

做一个温柔而知性的女人吧，温润如玉，让人如沐春风。待时光流淌，你的气质会越变越高雅，内涵越来越丰富，处世越来越从容，分寸感拿捏得越来越得当。

一个态度随和、性格温柔的女性，在她身上洋溢出的那种善良与温柔的神情气质，可以在潜移默化中给人一种精神上的美感和情感上的抚慰。

这样的女人站在你面前说上几句话，甚至不用说话，你就能感觉出这个女人的随和与温柔。这种随和与温柔正是一种柔性魅力的显现，与年龄无关，更与外表无关。

具有柔性魅力的女人往往伴随着爱、善良、宽厚、仁慈和慷慨大方的品格。这样的女人跟朋友相处会显出热情、慷慨；和老人相处就会显出仁爱、宽厚；和孩子相处就会善良、慈爱；和丈夫相处便会奉献她们最真诚的爱。她们可以是知心的

柔软的力量

好友，是孝顺的儿女，是慈爱的母亲，是尽职的好妻子。她们善良、热情、美丽且坚强有力！

具有柔性魅力是女性独有的特点，也是女性的宝贵财富。如果你希望自己更完美、更妩媚、更有魅力，你就应当保持或挖掘自己身上作为女性所特有的温柔性情，那么，在日常生活中，女性怎样才能让自己的表现更温柔，更有魅力呢？有以下六个方面可以培养并释放自己的柔性魅力。

· 做一个通情达理的女人，这是女性柔性魅力的最好表现。具有柔性魅力的女性对人一般都很宽容，她们为人谦让，待人体贴，凡事喜欢替别人着想，绝不会让别人难堪。

· 做一个富有同情心的女人，这是具有柔性魅力的女性在为人处世方面的集中表现。对于老、弱、病、残、幼及境遇不佳者，女性都应表现出应有的同情，并尽自己最大的努力去帮助他们。

· 做一个具有善良之心、关爱之心的女人。就是要有爱心，对人对事都抱着美好的愿望，乐于关心和帮助别人。对家人，尤其是对子女要表现出更多的关爱。

· 做一个性格柔和的女人。具有柔性魅力的女人绝对不会一遇到不顺的事就暴跳如雷或火冒三丈。以柔克刚，这是温柔女人的最高境界。

・做一个温馨细致的女人。让人心动的不只是一个女人做出了多么惊人的业绩，更多的是女人那种适时适地的细心关怀和体贴，细微之处最能叫人怦然心动。

・做一个柔软但不软弱的女人。柔软绝不等于软弱，柔软是一种美德，是内心世界力量充实的表现，而软弱则是性格上要克服的缺点，二者不可混淆。

作为一个现代女性，我们不仅要保留自己独立的个性，也要保留传统的温柔之美，这会让你受益无穷，也会是你一生的魅力所在。

培养柔软力有以下"三不"原则。

不生气

著名的哲学家康德曾说过这样一句话："生气就是拿别人的错误惩罚自己。"

不生气是一种智慧，这种智慧就是任他气急败坏，我自悠然如故。

清代东阁大学士阎敬铭曾写过一首《不气歌》："他人气我我不气，我本无心他来气。倘若生气中他计，气出病来无人替。请来医生将病治，反说气病治非易。气之为害大可惧，诚恐因病将命废。我今尝过气中味，不气不气真不气。"

柔软的力量

　　这首歌告诉我们一个很重要的道理，百病生于气，不生气，就是对自己的身体负责。

　　中医认为每一种情绪变化都与脏腑息息相关，而与生气、发怒等情绪对应的脏腑是肝，所以生气、发怒的情绪状态会直接损伤肝脏。

　　所以，不管因为什么人、因为什么事而生气，最终受伤的只有自己。生气这个行为带来的负面影响，最终都是由我们自己来承受。

　　物理学里有这样一条定律：力的作用是相互的。既然如此，我们大可不必因为他人的错误而生气。

　　当别人伤害你的时候，你是怎么处理的？如果你牢骚满腹，怒火中烧，内心充满着仇恨与报复，不仅会影响到自己生命的质量，而且还会给他人造成痛苦与不安，可以说百害无一利。

　　有这样一个故事：一位好生气的老板找到了一位大师，问道："如果有人伤害了我，我该怎么办？"大师道："超越伤痛的唯一办法，就是去原谅伤害你的人。"老板说："就这样，未免太便宜他了吧！"老板还是愤愤不平。大师反问："你真的相信，自己气得越久，对他人的折磨就越厉害吗？"老板还在气头上，继续说："至少我不会让他好过！"大师开示道："假如你想提一袋垃圾给对方，是谁一路上闻着垃圾的臭味？是你，是不是？紧握着愤恨不放，就像是自己扛着垃圾，却期望熏死他人,这样不是很可笑吗?"

生气,除了让事情更糟糕、让自己更不快,别无他用。不过,这也告诉我们一个事实,越是气急败坏、怒不可遏,事态的发展就会越糟糕。

既然生气是成全别人、惩罚自己的愚蠢行为,那么,余生请在纷扰中学会宠辱不惊,在错乱中学会怡情养性,在冗杂中学会平息怒气,遇恼不恼、遇怨不怨、遇愁不愁,以平和抵御怒气,以理性操控情感,以不生气的智慧面对生活中的种种不快之事。如此,方能在世事纷扰中找到一片清净之地。

对于世间百态,我们理应一笑而过,不在意,不生气,才能活出真我。

不误会

你对身边的朋友或亲人产生过误会吗?

你相信自己的眼睛和耳朵吗?

你相信过别人的传言和猜测吗?

你有过被亲人误解,因百口莫辩而伤心欲绝吗?

一位哲人说:"最善于欺骗我们的,正是我们的眼睛和耳朵。"

误会,就是因为一些原因让别人产生错觉,造成一种暂时的假象,错误地以为自己看到的就是事情的真相。在家庭关系和两性相处中经常会产生误会。比如，有男士一个人在餐厅吃饭，碰巧遇到一个很多年不见的女孩子，然后两个人就坐在一起吃饭并交流甚欢，不知道的人只看见他们在一起吃饭，就自认为他们是情侣或是情人关系，从而产生误会。更可怕的是，如果这一幕被单位同事或者老婆闺蜜看到了，难免引起谣言。

在现实生活的人际交往中，每个人都有过被别人误解的时候，被人误解了，难免会觉得委屈，甚至感到生气，如果控制不好情绪，可能还会做出傻事。所以被误解了，先别慌，让自己冷静下来，不要与对方争辩，有时候事情越描越黑，等双方都心平气和了，再去问对方为什么误解你，然后一一解释，不要气急败坏。

当别人误解你时，该怎么办？按照以下三种方法（表1）去解决，一定会事半功倍。

表1　解决误会的三种方法

解决误会的三种方法	调整情绪	糟糕的情绪状态不利于我们冷静下来思考问题，反而会因为自己错误的猜测导致两个人之间的误解加深。所以需要寻找一个适合自己的环境，让自己冷静下来，不要受情绪的左右
	找第三方帮忙	当误会真的很深时，对方完全不想见你、不想接你的电话之类的，可以找你们共同认识的朋友帮忙，让他在中间斡旋，澄清真相，等待转机

第二章 做个柔软的女人

续表

解决误会的三种方法	等待时机	当你和对方发生误会时,建议你最好不要在事发当天找对方解释。因为那时候对方很有可能正在气头上,所以无论你说什么,对方是听不进去的。从事发的第二天后再做解释才是最好的时机。如果解释没用,那么就去找知情人、找证据和线索,寻找真相,真相总有大白的一天

不抱怨

美国著名心灵导师威尔·鲍温写过一本书《不抱怨的世界》,书中他告诉我们不要去抱怨,生活的幸与不幸,真的只有你自己说了算。

他曾在全球发起过一项"不抱怨"活动。这个活动很简单,他送给人们一只紫色手环,告诉大家抱怨的时候就把手环从一只手换到另一只手,直到他们能够坚持21天不动手环,才算挑战成功。从2006年7月23日寄出第一批手环,接下来的5年内,一共160多个国家的1000多万人参与了这项活动。

富兰克林曾说:"不停地抱怨,是对我们享有的舒适生活最差的回报。"很多时候,我们太关注生活里的坏事,反复提醒自己活着有多难,世界有多不公平。然而,焦虑和抱怨解决不了任何问题,反而会加重心理负担,消耗我们的精力。

生活中,我们经常听到一些抱怨,领导太刻薄、同事太势利、客户太难缠、朋友太无情……但是不管你如何抱怨,也改变不了任何现有的局面。正所谓"不如意事常八九"。偶尔抱怨几句，宣泄一些情绪，也属正常。但是，一味地抱怨，而不去直面自身，解决不了任何问题，只会让你的状态越来越糟。

鲁迅先生说："往往人一开始抱怨，事情就会迅速朝他抱怨的方向前进。"抱怨，它只能让人逞一下口舌之快，却没有任何益处，甚至会让事情变得更加糟糕。

张德芬曾说："抱怨自己的人，应该试着学习接纳自己；抱怨他人的人，应该试着把抱怨转成请求；抱怨老天的人，请试着用祈祷的方式来诉求你的愿望。"这样一来，你的生活会有想象不到的大转变。

杰弗里勋爵说："牢骚和抱怨是没有灵魂、才智低下者的症状。"

遇到问题，只顾着表达不满与愤怒，不仅容易激化矛盾，还会让事情往更坏的方向发展。

很多时候，生活本不难，是我们用悲观偏执的思维，让生活变难。

所以，试着改变自己的心态吧，积极乐观的态度可以帮你更好地走出眼下的困境。人生没有固定的轨迹，无论你选择怎样的生活方式，只要初心不变、不畏挫折，都可以很精彩。

第二章　做个柔软的女人

　　心理学家安杰卢博士说："如果你看不惯某种东西，那就改变它。如果你无法改变它，那就改变你自己的态度。"

　　当你感到心累的时候，别抱怨，因为前方就是灿烂的曙光；当你觉得辛苦的时候，别放弃，因为比你优秀的人还在努力。

做自己情绪的主人

奥黛丽·赫本说过:"人的优雅,关键在于控制自己的情绪。言语间的鲁莽伤害人,是最不可取的一种行为。"赫本是一位非常注意自己情绪变化的女性,这句话也是她至高情商的体现。

一个能控制住不良情绪的人,比一个能拿下一座城池的人更强大。对情绪的把控是一个人高情商的重要体现,情绪化不但是平常心态的敌人,而且会暴露一个人的情商缺陷。如何控制好自己的情绪,是一个气质型女人的必修课。

一个成熟、自信的女人应该认识到,情绪在本质上是人对事物一种最为直接的感性反应,是对自身和个人利益的维护。虽然任何一种情绪本身都没有什么问题,但如果不加以控制,可能会给身心造成巨大的痛苦。

情绪的失控实际上是缺乏对事物深思熟虑的分析、处理,任由情绪发展，会使自己处于极为不利的地位，甚至可能成为别人利用的工具，控制情绪就是让自己做情绪的主人。

有一个女孩很善良且温柔体贴，她的男朋友也聪明、懂事，两人一直相处得很和谐、愉悦。五年过去了，两人一如既往地深爱着对方。一个周末，男孩本打算去找女孩，因女孩说她有事就打消了念头。男孩觉得女孩有事就没有打扰她，自己在家里待了一天，没有和女孩联系。可不知为什么，女孩觉得男孩没有联系她是不够爱她的表现，突然间很生气，晚上12点就发了条分手短信给男孩。收到短信的男孩吓坏了，心急如焚地给女孩打电话解释。但女孩在情绪的影响下一直没有接电话，男孩就决定动身去女孩家。在去女孩家的路上，男孩一直用手机给女孩打电话，但女孩还是拒接。直到晚上12点35分后，女孩的手机再也没有响起，男孩似乎放弃打电话给女孩了。

第二天，女孩接到男孩母亲的电话，男孩出车祸去世了！女孩内心悲痛不已，脑海中全是男孩带给自己的美好回忆。

女孩强忍着悲痛来到事故现场，从男孩的妈妈手中接过男孩的遗物，钱包、手机、手表、沾满男孩鲜血的手机……

男孩的钱包里放着女孩的照片，已被鲜血浸染模糊，男孩的手表指针定格在12点35分……

男孩在生命最后一刻还在给女孩打电话，而那时女孩却在因为闹情绪拒接了男孩的电话。男孩最后想对女孩说什么，再也无人知晓，留给女孩的是无尽的悔恨。

其实，很多时候悲剧的发生都源于人们不好的情绪。如果那个女孩能够很好地控制自己的情绪，及时跟男孩沟通，便有机会避免惨剧的发生。

很多时候人们情绪失控的原因在于，我们认为发生了自己无法忍受的事情，而事情之所以无法忍受是因为它侵犯了我们的利益或尊严。失去对情绪控制的时候，往往也是丧失理智的开始，任由情绪的发展必然会导致事情的进一步恶化。所以，当不良情绪到来时，要时刻告诫自己，没有什么是不能忍受的，一定不能因情绪失控而丧失理性。

稳定、乐观的情绪是心理健康和高情商的重要标志。只有适度表达和控制情绪才能成为自己情绪的主人。

对情绪的把控力源于一个人的气度、涵养、胸怀和毅力。气度恢宏、心胸宽阔的人自然可以做到不以物喜，不以己悲，遇事泰然处之。无论是生活中，还是工作中，对情绪的良好把控都是重要的一部分。

善于掌控自己情绪的人，必然懂得利用积极的思维寻找事件积极的一面，摆脱自己的消极情结，始终保持轻松、愉悦的心态。

追求，就会有失望；活着，就会有烦恼。淡然于心，从容于表，自由自在地生活，不要把什么都看得那么重要。人生最怕什么都想计较，却又什么都抓不牢。失去的风景，走散的人群，等不来的渴望，一切皆缘。无须太执着，该来的自然来，要走的留不住，放开执念，随缘是最好的生活态度。

和大家分享一个在我创业初期发生的真实案例。

公司的合作伙伴邀请了一位大客户来公司和我见面，直接说："可欣老师您给客户做个介绍，讲讲咱们公司的项目。"

因为初次见面，双方还不是很了解，所以我就开始很认真地做自我介绍，说到一半的时候，他很不耐烦地打断我，对着我的合作伙伴和公司员工大声说道："我不是来听你的自我介绍的，更对你的过往经历不感兴趣。我今天只有半个小时的时间，直接给我讲你公司的项目，我要看看值不值得我投资。"

瞬间整个会议室空气凝固，现场很尴尬，我的合作伙伴感觉有火药味。

此刻，我停顿3秒后快速调整情绪状态，我当时用冷静的表现和不慌不忙的微笑看着这位客户，没有做任何的解释，转身走到电视大屏幕处开始我的项目讲解，一气呵成，以最精简的语言做了一次成功的反转。

后来对方对我的态度非常好，甚至和我当面道歉。

柔软的力量

各位,试想一下,如果我当时没有控制情绪,甚至是表现出委屈或者生气大怒,会有什么结果呢?这件事后来成了我们公司每次内训讲心态课如何掌控好情绪的经典案例。

《道德经》第七十八章说道:"受国之垢,是谓社稷主;受国不祥,是为天下王。"大概意思就是说:能够承担国家屈辱的人,才称得上是国家的君主;能为国家承受祸患的人,才配做天下的君王。

为什么老子认为越是能够忍辱负重的人,越配当帝王呢?因为老子深谙一条亘古不变的"天道":弱之胜强,柔之胜刚。

不争,也是一种情绪管理。作为个人,我们更应该懂得不争,不强制作为,一切顺其自然。在生活中,我们会发现有一种人,他们非常能隐忍退让,善于自保,不和别人争,别人就不会伤害到他们,最终他们成为人生的赢家。

举一个大家都知道的例子,越王勾践卧薪尝胆的故事,勾践为什么能够成功?靠忍耐!

越国勾践兵败,差点被吴王灭国,大臣文种和范蠡劝勾践要忍辱负重,留得青山在,不愁没柴烧。勾践承受住了巨大的羞辱,先是入吴求和,给吴王当牛做马三年。最后,吴王相信勾践全心全意臣服了自己,放勾践回国。勾践回国后继续隐忍,卧薪尝胆,默默壮大自己的实力。在积蓄了十几年力量后,勾践终于抓住时机,率领三千越甲大败吴师,攻破吴都,迫使吴王夫差自尽，灭吴称霸。

弱者示弱，能够胜强。强者一味地示强，就会易折，若强者能够学会"示弱"的本领，就能够让自己的胜算更为稳妥。忍耐，无非是自己做点儿牺牲，失去的大多是物质的，也是暂时的。如果能够坦然处之，就会得到人们更多的理解和尊重。这既显示了自己的宽厚与大度，还建立了属于自己的人脉。这样的好事，何乐不为呢？

正因为人们缺乏忍耐力，急于求成，忽略了真正的能量积蓄，往往是以失败告终，最后一败涂地。

由此可以看出，急于求成的后果是失败，只有善于忍耐，做好充足的准备，成功的机遇才会降临到我们头上。忍耐即是放长线，钓大鱼，能忍耐的人必能获得更长远的利益。

如果不是有超强的忍耐力，就不会有宽广的胸襟，如果没有宽广的胸襟，就不会有更高的战略眼光。胸襟气度是决定成功与否的关键。难怪有句古话：宰相肚里能撑船。

情绪管理的第一步，是觉察自己的情绪。可以常常提醒自己注意：我现在的情绪是什么？例如，当你因为朋友约会迟到而对他冷言冷语，问问自己："我为什么这么做？我现在有什么感觉？"

我们一定要明白福祸相依的道理，无论是消极情绪还是积极情绪，都要控制在一定的范围之内。对任何一种情绪的放纵都可能会对身体及心理造成不良的后果，尤其是消极情绪对身

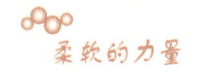

体造成的恶果会更为严重。

据统计，大约80%的溃疡病患者有情绪压抑的情况。此外，高血压、冠心病可能会伴随着急躁产生。

做到对情绪的完全掌控，不仅是至高情商境界的体现，而且是提升气质和风度的必要途径。要灵活地调整对外界的反应，当遇到可能会让自己情绪失控的外部原因时，要能够做到泰然处之。

那么，要通过什么样的方式来掌控自己的情绪，做自己情绪的主人呢？给各位提供七个技巧（表2）。

表2　掌控情绪的七个技巧

掌控情绪的七个技巧	立刻停止，不要做出任何决定	控制情绪的第一步是立刻停止，不要做出任何决定。深呼吸，屏住呼吸2秒，然后呼气。一直这样呼吸，试着让你的呼吸尽可能地深，直到你平静下来。意识自己为什么情绪会失控？问问自己身体上和精神上的感受是什么？然后努力去辨别它。当你的情绪之火开始上升时，你可能会经历心跳加速、肌肉紧张、呼吸急促等生理反应。在精神上，你可能会开始失去注意力，感到焦虑、恐慌或不知所措，或者觉得无法控制自己的想法
	承认并接受身体的感觉	如果你突然感到焦虑，注意你身体的感觉，为什么我的心脏跳得很快？为什么我手心出汗？承认并接受这些感觉，而不是去评判它们。这个时候需要用正念、有意识、理性的角度去思考问题，从中发现积极的成分

续表

掌控情绪的七个技巧	放松肌肉，缓解身心紧张	对你的身体做个扫描，看看你把压力控制在哪里，然后强迫自己放松那个区域。可以松开你的手，放松肩膀，活动脖子，活动手指。释放身体上的紧张对稳定你的情绪有很大的帮助
	不压抑情绪，学会转念	如果有意识地压抑或忽视自己的情绪，情绪不但不会消失，有时候还会适得其反。所以感受自己的情绪也是很重要的。如果你感到难过，可以独自大哭一场，也可以找信任的朋友打电话聊聊天
	以健康的方式对情绪做出反应	可以去跑步、散步或去健身房、做瑜伽。不管怎样都要以一种健康的方式对你的情绪做出反应，深呼吸，保持冷静，平静地与自己沟通：不要让怨恨接近你
	把恐惧转化为爱	如果你感到生气或沮丧，请放松并换位思考，把自己从产生消极情绪的环境中解放出来
	在旅行中疗愈自己	一个人去旅行，在旅行中疗愈自己

第二章 做个柔软的女人

续表

掌控情绪的七个技巧	放松肌肉，缓解身心紧张	对你的身体做个扫描，看看你把压力控制在哪里，然后强迫自己放松那个区域。可以松开你的手，放松肩膀，活动脖子，活动手指。释放身体上的紧张对稳定你的情绪有很大的帮助
	不压抑情绪，学会转念	如果有意识地压抑或忽视自己的情绪，情绪不但不会消失，有时候还会适得其反。所以感受自己的情绪也是很重要的。如果你感到难过，可以独自大哭一场，也可以找信任的朋友打电话聊聊天
	以健康的方式对情绪做出反应	可以去跑步、散步或去健身房、做瑜伽。不管怎样都要以一种健康的方式对你的情绪做出反应，深呼吸，保持冷静，平静地与自己沟通：不要让怨恨接近你
	把恐惧转化为爱	如果你感到生气或沮丧，请放松并换位思考，把自己从产生消极情绪的环境中解放出来
	在旅行中疗愈自己	一个人去旅行，在旅行中疗愈自己

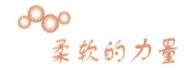

放下别人的错，解脱自己的心

内心的愉悦从学会"放下"开始。

很多东西，不是你想争就能有的，很多感情，不是你想求就能留的。别人的错，与你没有关系，别人的错，你别放在心里。是你的，总是你的，不是的，也别强求。过去的事，就让它过去，不要思来想去徒生烦恼。该发生的躲不掉，该面对的逃不离，何不放它一马给自己留一些余地。

我们处世应保持心态的平和安静，守柔弱而不妄动，保持生命的柔性，贴近生命的本真，融入大道。

柔软的力量告诉我们大丈夫能屈能伸。要懂得适时弯腰抬头。弯腰需要底气，君子以厚德载物，做人要低调谦卑，海纳百川，有容乃大，维护好生命的柔性，重视柔弱的修炼。

抬头需要勇气，君子自强不息，无论身处逆境还是顺境，都要保持乐观进取的心态。

一个人的心量有多大，舞台就有多大。心态的"态"字，拆解开来，就是心大一点。心若每天大一点，心量就宽阔了。当负面情绪压抑在心中时，你就是给自己戴了一个紧箍咒，痛苦会一直吞噬着你，这不是在惩罚自己吗？

人非圣贤，孰能无过。即便是圣贤，也会有犯错的一天。有则改之，无则加勉。人这一生会碰到很多不顺心的事，会遇到很多看不惯的人。如果事事较真，那么累的就是自己。如果心宽一点，大度一点，人生就是另一番滋味。

在这个世上，无论遇到什么事情，都不要用别人的错误惩罚自己，否则只会让自己痛苦。

有个年轻人，总是为了一些鸡毛蒜皮的事情烦心。每日不是与人争得面红耳赤，就是将自己关在房中生闷气。于是，他到寺庙里请教道长："我为何会如此爱生气呢？您能不能开示一下？"道长微笑着回答："年轻人，你先去集市买一包盐吧。"这位年轻人迟疑片刻后就转头去将盐买回来了。道长说："你放一勺盐于这杯中，尝尝味道如何？"年轻人照着做了，道长又说："你再放一勺盐到旁边的池塘中，然后喝一口。"接着，道长让这位年轻人比较。年轻人说："杯中的水很咸，而池塘里的水没有味道。"道长笑了笑说："你瞧，人生的烦恼就像这勺盐，我们的感受如何取决于你将它放在什么样的容器当中。"

年轻人点了点头，似乎明白了许多。

佛说："物随心转，境由心造，烦恼皆由心生。"

既然我们没有天地般的本事，那就改变自己的心态吧。

不要害怕挫折，不要纠结烦恼，因为再大的风雨终将过去，而那风雨正是彩虹出现的契机。

相逢一笑泯恩仇，冤冤相报无尽休。宽恕是一种修养。待人礼让大度，能够宽恕别人对自己的伤害，放下一个人的过错，不是懦弱，而是解脱自己的心，善待别人，也是善待自己，这是一种境界。

有智慧的人都懂得看透不说透，看破不说破，看穿不揭穿。看清一个人而不揭穿他，你就懂得了原谅的意义；讨厌一个人而不翻脸，你就懂得了至极的尊重。活着，总有你看不惯的人，也有看不惯你的人。

学会放下，才能得到新生。放下才能解脱自己的心。你的大度，不是因为你活了多少年，走了多少路，经历过多少失败，而是因为你懂得了放弃，学会了宽容，知道了不争。每个人心中所承受的那些苦与痛，不是因为时间久就没有了感觉，而是懂得了宽恕和放下；有些暗伤，不是不在乎，而是懂得了冷静面对和自我修复。

即使全世界没有人能理解你，也没有关系，只要你能理解自己。

第三章 语言的能量与吸引力法则

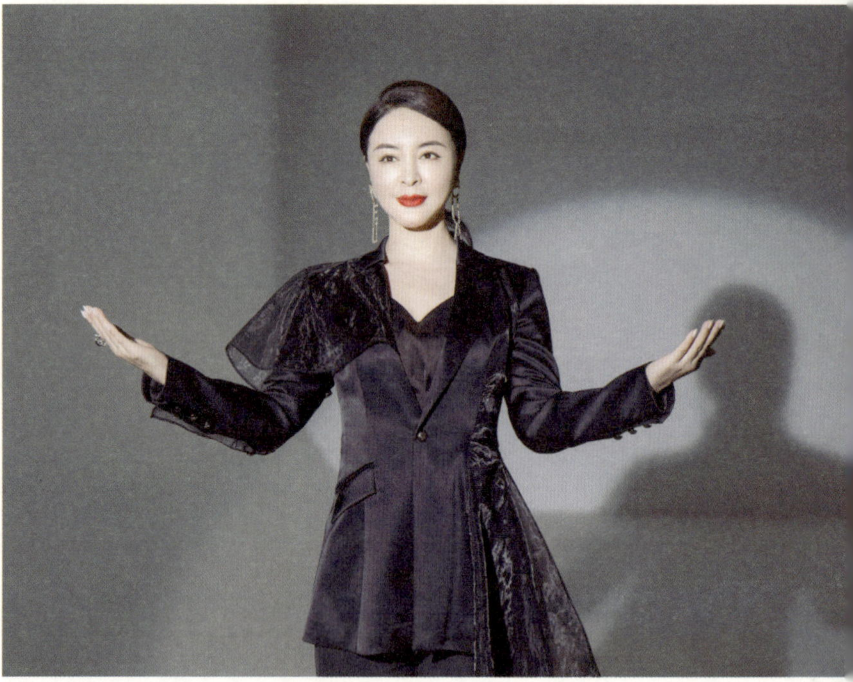

为什么要提高语言修养

一言可以兴邦,一言可以丧邦。语言最能暴露一个人的修养,只要一说话,就能了解你的为人。

说话当如水,要软要柔,水滴石穿,以柔克刚;做事应如山,要硬要稳,巍峨不动,雄伟有力。

说话要软,春风化雨,润物无声,柔软的语言像清风,可以化解矛盾,增进情感。

做事要硬,沉稳有力,不骄不躁,坚定的前进步伐能够事半功倍。

说话要软,软在语气。语气不对,说话白费。

例如,在现实生活中很多人,尤其是你最亲近的人,明明是关心和好意,出口的话却变成了指责。

鬼谷子曾说:"口者,心之门户,智谋皆从之出。"

与人说话,不能过于自大,也不能妄自菲薄,不管是命令

柔软的力量

强硬的口吻还是谄媚讨好的语气，都会使人不舒服，久而久之，朋友们就会敬而远之。

与人说话，语气真诚平和才是最重要的。

好好说话，态度真诚一点，语气柔软一点。措辞要柔，关系不愁。说话要软是首要，措辞表达在其次。

语言的艺术博大精深。话出口之前要三思，多换位思考，考虑对方的感受。说话要软，别逞口舌之快，控制好自己的情绪。说话注意措辞，迂回的表达可以避免误会发生，增进双方的感情。

曾国藩做人"外圆内方"，但这也不是与生俱来的，初做官时由于说话措辞不当，曾国藩也吃了不少亏。关键在于吃亏之后，曾国藩会反思自己的言辞，此后逐渐养成习惯，说话体贴他人，考虑他人感受。

语言修养从《道德经》开始。有一位老师这么评价道德经，他说："《道德经》几乎就是人文领域的化学元素表和九九乘法表，它稳定的底层逻辑，清晰明了，经得起大多深层次的终极追问。"

读《道德经》可以让人改变人生态度和生活方式，获得心灵的从容、安宁和静美，打开幸福和智慧的大门。

《道德经》第六十二章："美言可以市尊，美行可以加人。"意思是合乎道的言语可以得到他人的尊重，合乎道的行为可以令其有别于世俗之人。

《道德经》的智慧给予我们生命的启迪，告诉我们语言的修养是十分重要的。海德格尔说："人在说话，话在说人。"语言是一种交流工具，一种思维工具，人类认知事物需要借助语言这个工具转化为我们的认知成果。

所以语言是人的精神活动的外在显现，可以塑造人的精神存在。语言的修养是一个人在语言表达过程中的逻辑思维、人文素养、语言风格以及表述技巧等方面的体现。

生活中的语言有口语、肢体语言和文字语言。口语就是平时说的话，肢体语言指面部表情以及身体各部分的动作所传达的信息。文字是海量的古今中外各种著作论述所呈现的内容。我们平时说话大致由语感、语音、语理三部分构成。

语感是指驾驭词语的熟练程度；语音是说话声音的质量；语理是我们对语境的敬畏和对逻辑的遵从。

言由心生，说话不仅表现你的学识、性格、气质，也关乎心肠、善恶、价值取向。口蜜腹剑、言不由衷、巧言令色、言而无信等，这些成语说的都是语言和人格的关联，因而语言的修养应与心同修。话语尺度的边界来自环境，而环境是瞬息万变的，因此能够驾驭这变化的是道不是术。

声音需要语音美、语情美、语势美。它有内力，有色彩，我们声音的质量，是语言学习中的半壁江山，需要结合文化素

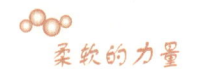

养长期训练。

　　语言修养是要把语意部分和语音部分结合起来学习的。语意承载着坚实的思想和哲理，我们可以诵读经典，去和具有大智慧的人对话，去他们的作品中采撷养分，入乎耳，著乎心，布乎四体，融会贯通，将其用于我们的思辨和我们的表达。语音训练是运用唇齿喉舌、气息吐纳发出音韵悦耳的话语，既要抑扬顿挫，又要字正腔圆。这样双管齐下，让我们内外兼修，谈吐优雅，文质彬彬。

　　声音是人的第二张名片，是一个人最直接、最明显的标签。字正腔圆的声音，代表着一种精气神。我们身边许多人，美容修身乐此不疲，却往往忽视了个人极其重要的声音魅力和声音形象。

　　好的声音会让一个人的魅力不断升值。很多演员之所以有魅力且备受欢迎，不仅仅是形象好、演技好，更重要的是他们那一口有魅力的声音和标准的普通话，比如著名的表演艺术家斯琴高娃。在央视的《朗读者》节目中，斯琴高娃朗诵的《写给母亲》感动了亿万观众。这也是为什么一些电影需要专业的配音员，好的表演配上好的声音和语言表达，才能塑造完美和经典的角色。字正腔圆的声音，代表的是一种个人魅力，是一个人知性、修养、气度、智慧的体现。声音形象背后，是一种对自我的期许。

老子曰："五色令人目盲，五音令人耳聋。"老子又曰："大音希声，大象无形。"最美的声音是一种有着柔软力量的无声之音。

唐代诗人朱湾写道："前心后心皆此心，梵音妙音柔软音。"一个柔软的女人，声音轻缓悦耳，眼神充满善意，举止优雅得体，最是让人心动。

柔软的力量

语言的能量与吸引力法则

"语言的力量,足以倾倒世人",它启示我们,语言拥有足以征服人心的力量。

语言的能量对人的影响可以说是威力无比。现代量子力学的研究和成果,显示出这样一个事实:世界上的万事万物都是由能量构成的,我们眼睛所看到的物质都是由小到几乎等同于无的粒子组成的,他们以各种不同的频率高速震动而形成能量场,各种物质其实是不同振动频率的能量。

如果大家仔细观察就会发现,有的人讲话总是活力充沛,激情澎湃,他的一言一行、一举一动,都有着强大的感染力和号召力,与他在一起,大家都会情不自禁地感到快乐。他喜悦与爱的能量,能给每一个接近他的人带来愉悦的感受。

而对于总是悲观沮丧甚至消极懒惰的人,和他在一起的时候,任何人都会感觉到他浑身充斥着负能量。

能量虽然有多种类型，但对于人的能量场来说，我们可以将能量划分为两大类别：正能量和负能量。正能量使我们充满热情与信心，让我们永远乐观积极、阳光自信，使我们能够展现出无穷的魅力。如果我们能有意识地让自己持续处在正面的能量场中，那么将更容易成功和幸福。而负能量使我们消极低落、自卑沮丧，丧失斗志，找不到生活的乐趣和目标。一个人生命的震动形式，越是以负能量的状态存在，他的生活可能变得越糟糕。

为什么不同的能量会使我们的生命出现完全不同的结果呢？这是因为能量具有吸引力和感染力两大特性，所谓吸引力就是指相同频率的能量会相互吸引，引起共振，所以负能量往往会酿成坏事，而正能量才会推动好事的发生。屋漏偏逢连阴雨、锦上添花、好事成双等，说的都是能量的吸引性和共振性。此外，能量还具有感染力。长时间跟某种能量的人在一起，我们就会感染他的能量，俗话说：近朱者赤，近墨者黑。

我们如何才能让自己时时刻刻都拥有强大的正能量呢？这需要方法，需要智慧，更需要不断地练习！

在此分享拥有正能量的三个秘密（表3）。

表3 拥有正能量的三个秘密

拥有正能量的三个秘密	锁定好关注焦点	我们的身上所拥有的正负能量比例，完全是由我们看待事物的角度、心态及所关注的焦点决定的！当我们能够掌控好自己所关注的焦点时，我们就把握了生命的主动权。能量法则最重要的原理就是，我们关注什么，我们自己就是什么
	转化负能量	能量原理中，一个很重要的法则就是我们抵触和害怕的东西都是我们试图消除的东西。但是我们越想消除，能量越会持续的存在，因为无论我们抵触什么，我们害怕什么，我们恐惧什么，都是在给它关注，而给它关注，就意味着给它能量，所以要学会转化负能量，减少对负能量的关注，转向关注积极的事件
	多使用积极的语言	我们的语言是一种频度极高的能量。当我们在祝福别人的时候，实际上自己也在被祝福；当我们咒骂别人的时候，其实我们也在被咒骂；我们攻击别人，其实等于是自我攻击。在一生中我们奉献给予的人越多，我们帮助的人越多，我们的生命就越有价值，我们的正能量也就会越强

　　如果我们向自己、向他人、向世界传递了很多负能量，那这个负能量最终会回馈给我们自己，我们生命中的负能量就会发生灾难性地增长。如果我们能真诚地向自己、向他人、向世界来传递爱、感恩和欣赏的能量，那么最终被爱、感恩和欣赏的能量滋养的就是我们自己。当我们夸赞一个人的时候，就会吸引更多的美好来到我们身边。当我们内心处于欣赏对方的状

态时，我们的整个内在世界也会发生相应的变化，自身也会得到一份巨大的疗愈力。反之，恶语与恶意，对自己和他人的身心都会有损害。

因为我们是自己命运的创造者，我们外在所看到的一切，其实正是我们内心世界的呈现。

当我们开始用欣赏的眼光看待周围的一切，内心就会处于一种欣赏的状态，这会提供给我们积极的能量，而积极的能量会让我们选择积极的人生，我们说的话也会是真诚的、鼓励他人和赞美他人的。如果你掌握了语言能量的焦点，把你的思、言、行都集中在你的意念中，始终保持积极向上的话语，你就掌握了吸引的力量，你会发现你的心态及周围都会朝着你真心想要的一面发展。

柔软的力量

不要让语言暴力伤人伤己

你相信语言有能量吗?

语言虽然看不见、摸不着,但是语言本身有着巨大的能量。我们一起来看看,这个奇特的实验,看看人类语言的能量到底有多大。

事情发生在阿联酋宜家,他们在自己店里挑了两株长得差不多的植物盆栽。将植物盆栽套上透明罩子,放在校园里。每天给他们施一样的肥,浇一样的水,晒太阳也是同进同出。

然而,只能说"同树不同命"。他们在一个盆上写着"这株植物被霸凌",在另一个则写着"这株植物被褒奖"。植物怎么个霸凌法,难不成还要打它一顿?

别想多了,实验可没这么暴力。所谓的"霸凌",就是对它进行语言攻击。他们找了很多学生,提前录好音,然后把音频在植物"耳边"循环播放。至于这骂人的话，都是我们司空见惯的语言暴力：

"你就是个废物，你一无是处！"

"你长得一点都不绿！"

"你看起来像快烂了一样！"

"你一点都不招人喜欢，要你有什么用！"

"讲真，你还活着吗？"

相比起来，另一株植物受到的待遇，就是殿堂级的了。

它身边每天循环播放着肯定、赞美、表扬的话语：

"我喜欢你做自己的样子！"

"一见你我就特开心！"

"你真的很美！"

"这个世界因你而改变！"

"你好棒啊！"

两株一样的植物，却每天听着完全不同的两种语言。一边是语言暴力的侮辱，一边是暖心的赞美和夸奖，就这样，这个实验持续进行了30天。

最后的实验结果，可以说是意料之外，但又在情理之中。

那盆被屈辱对待了30天的植物，活生生被骂枯萎了。而另外那株每天被夸奖的植物，则长得好好的、绿油油的。

足以可见：如果植物都能被影响，那人肯定也会，甚至受的影响更大！

据统计，每年约有2.46亿儿童和青少年遭受语言暴力的伤害。可语言暴力，并不仅仅只是发生在校园里，它无处不在地围绕在我们身边。

有时候，击垮一个人，只需要一句话。而伤人的话，如果是从至亲口中说出来，那伤害很可能是毁灭性的。

据某项调查显示，60%以上的青少年罪犯，都遭受过父母语言上的伤害。一个名为《语言暴力能造成多大的伤害》的教育短片，让人看得心惊。6名在看守所的少年犯讲述了自己的故事。

有一个孩子这样说，我爸妈在我12岁时离婚了，我妈每天骂我，经常让我去死。我爸妈天天说我没用，说我是个废物，从来都没夸过我，骂我最多的就是"猪脑子"。他们总是说我，"你就知道吃，真丢人，是人都比你强"。

最后，这些语言变成了孩子犯罪的诱因，童年受到的精神虐待，是这些少年犯罪的重要原因。

被不停羞辱、否定、讽刺、挖苦、蔑视的孩子，内心都有一个"大窟窿"，盛放着破败不堪的灵魂，他们可能会用偏激的方式发泄创伤和屈辱。

大家还记得这样一条新闻吗？

> 上海市黄浦区卢浦大桥上出现了让人无比痛心的一幕：一名17岁的男孩突然从车上跑下来，冲到桥边纵身跃下。他的母亲随后追赶，却没能抓住孩子，就看着孩子这样跳了下去，母亲瞬间瘫倒在地，失声痛哭，让人心碎。据了解，孩子当天在学校跟同学发生了矛盾，遭到了母亲的批评和苛责，在驾车途中，孩子受不了母亲的语言暴力，于是从高架桥一跃而下，造成了悲剧的发生。

可见父母与孩子之间的沟通是多么的重要，语言的威力又有多大。有的家长一言不合就开打，要不就是用极其恶毒的语言来攻击孩子，当孩子身心受挫时，家长们却说都是为了孩子好。语言有巨大的能量，语言暴力会伤人于无形。科学家们发现，应激语言伤害，会让发育中的大脑发生部分永久性的改变，人类的身体、细胞都是有记忆的。那些负面情绪和记忆的影响，远比我们想象的更深远。但是，有多少父母，因为控制不好自己的情绪，动辄训斥侮辱孩子。

俗话说：良言一句三冬暖，恶语伤人六月寒。

语言具有很强的振波，尤其是愤怒和怨恨时所说的话语带有很强的负能量。

  诗人安琪洛也谈到过语言的力量,她说:"言辞就像小小的能量子弹,射入肉眼所不能见的生命领域。我们虽看不见言辞,它们却成为一种能量,充满在房间、家庭、环境和我们心里。"足以可见,语言是有生命的,它具备着创造和损毁的能力。

  很多家长会把自己的负面情绪传递到孩子身上,让孩子成为自己情绪的奴隶和受害者。

  夫妻之间或者情侣之间的沟通也是非常重要的,很多夫妻会把负面情绪化成言语来互相攻击,长此以往,整个家庭关系就会陷入一团乱麻。

  所以,我们现在需要做的是通过改变语言来改变我们的念头和习惯。

用柔言善语温暖他人，照亮自己

有人说："语言是有魅力的，声音是有温度的"。

在日常生活中，人际交往满足我们爱与归属的需要，而语言表达则是人际交往互动中最重要的工具。负面、冰冷的语言，比如嘲笑、指责，不仅会破坏人际关系，更会给彼此带来无形的伤害；而正向温暖的言语，比如肯定、鼓励、赞美，不仅能够帮助我们建立和维持良好的人际关系，更能帮助我们增强自尊和自信。但在生活中，很多人在与人交往中不注意正确使用言语，有的脏话连篇，有的冷嘲热讽，给他人和自己都带来了不利的影响。

语言的魅力无处不在，古往今来，和气待人、和颜悦色都被视为一种美德，柔言善语是一种值得提倡的语言表达方式。

柔言善语表现为语气亲切，语调柔和，语言含蓄，措辞委婉，说理自然。所谈之言也易于入耳生效，有较强的亲和力与说服力，往往能起到以柔克刚的交际效果。

柔言善语要懂得谦让，语言美是心灵美的具体表现。一个心灵丑恶的人，语言绝不会美，有善心才有善言。多使用谦词和敬词，尊重对方的观点和感情，可以引起好感，尤其要避免使用粗鲁、污秽的词语。在句式上，应少用否定句，多用肯定句；在用词上，要注意感情色彩，多用褒义词、中性词，少用贬义词；在语气上要委婉、文雅。

语言是有温度的，并在无形中影响着我们的心情乃至生活，每个人都是语言的受益者，有时也会成为语言的受害者。

把握好语言的温度与人的文化水平有关，更与心底善良及修养有关。文化水平的高低能影响语言使用的技巧，而那些最感染人的、能给人温暖的语言，往往是源于最纯朴的、发自内心深处的善念。

"良言一句三冬暖，恶语伤人六月寒。"一句温柔的话语，总能带给我们欣喜，也能带给我们温暖；一声亲切的问候，犹如春风吹拂心湖，温暖的情愫如心波漾起粼粼涟漪；一句诚挚的祝福，如四月的暖阳，带给我们明媚与春天，驱走困惑与冰寒；一份真情的关爱，如心园中盛开的清香茉莉，沁人心脾。反之，有的语言则如三九天的寒风，冰冷刺骨；有的则是恶言恶语，让人不寒而栗，使人心寒发颤。由此可见，语言能给人正反两方面的作用，其力量也是巨大的。

我想，每个人都渴望心灵的温暖，而不希望感受冬天一般的寒冷吧？而这温暖的源头之一，就来自我们自身的语言与语气，更源于我们的内心。在你渴望温暖的同时，请别忘记，他人同样也需要温暖的滋养。

那么，当你脱口而出伤人的话前，请一定先思考一下，将心比心，换位思考吧。

让我们用真诚的语言、柔和的语气、微笑的面容去对待我们身边的亲人、朋友、邻里，以及那些陌生而需要帮助的人们吧。

温暖的语言往往会让人的心里充满感动、欣喜和感谢，有时还会给予我们勇气和希望，让我们难以忘却。难过时，朋友的一句安慰能带给我们温暖，替我们擦干伤心的眼泪；受挫时，师长的一声鼓励能带给我们温暖，给予我们信心和力量；生病时，家人的一句问候能带给我们温暖，让我们带着笑容勇敢地与病魔抗争；成功时，他人的一声赞许能带给我们温暖，让我们享受到成功的喜悦，也认识到自己的价值。

寒冷的语言使人感到沮丧、失望、痛苦，甚至愤怒和伤害。一声咒骂，图得一时痛快，却透着刺骨的寒意；流言蜚语暴露了散布者灰暗的内心；讽刺挖苦赤裸裸地显示出嘲笑者人情、人性的缺失。这些寒冷的语言，带给他人寒意、敌意，在伤害别人的同时也将"冷水"泼向自己。

柔软的力量

语言的温度关系着人际交往。所以，朋友，要赢得尊重，要受人爱戴，要构建和谐、友善、融洽的人际关系和社会关系，就要先将温暖给予别人，让自己的语言和善温暖，摈弃那些充满辱骂、挖苦、恶意的冷酷语言。这样，人们交往中的语言就会充满温暖，人与人之间的关系就会保持友善，整个社会也会更加和谐。

语言有温度，做一个声音有温度，生命会发光的人，照亮自己的同时去照亮更多的人吧。

第四章 与身体对话

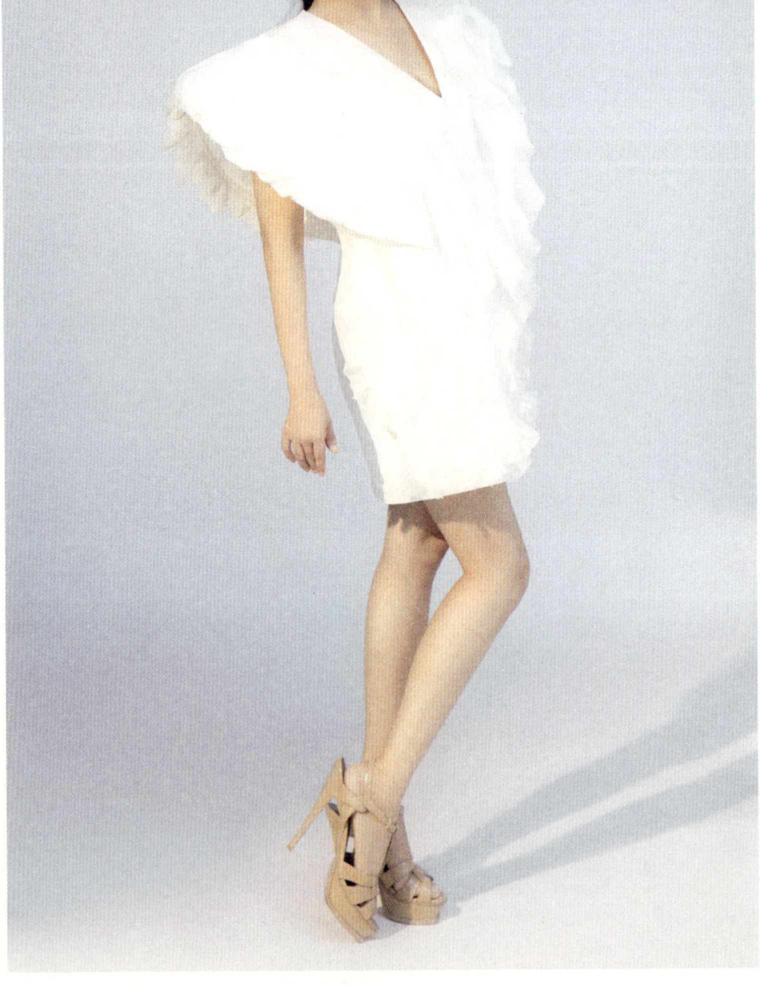

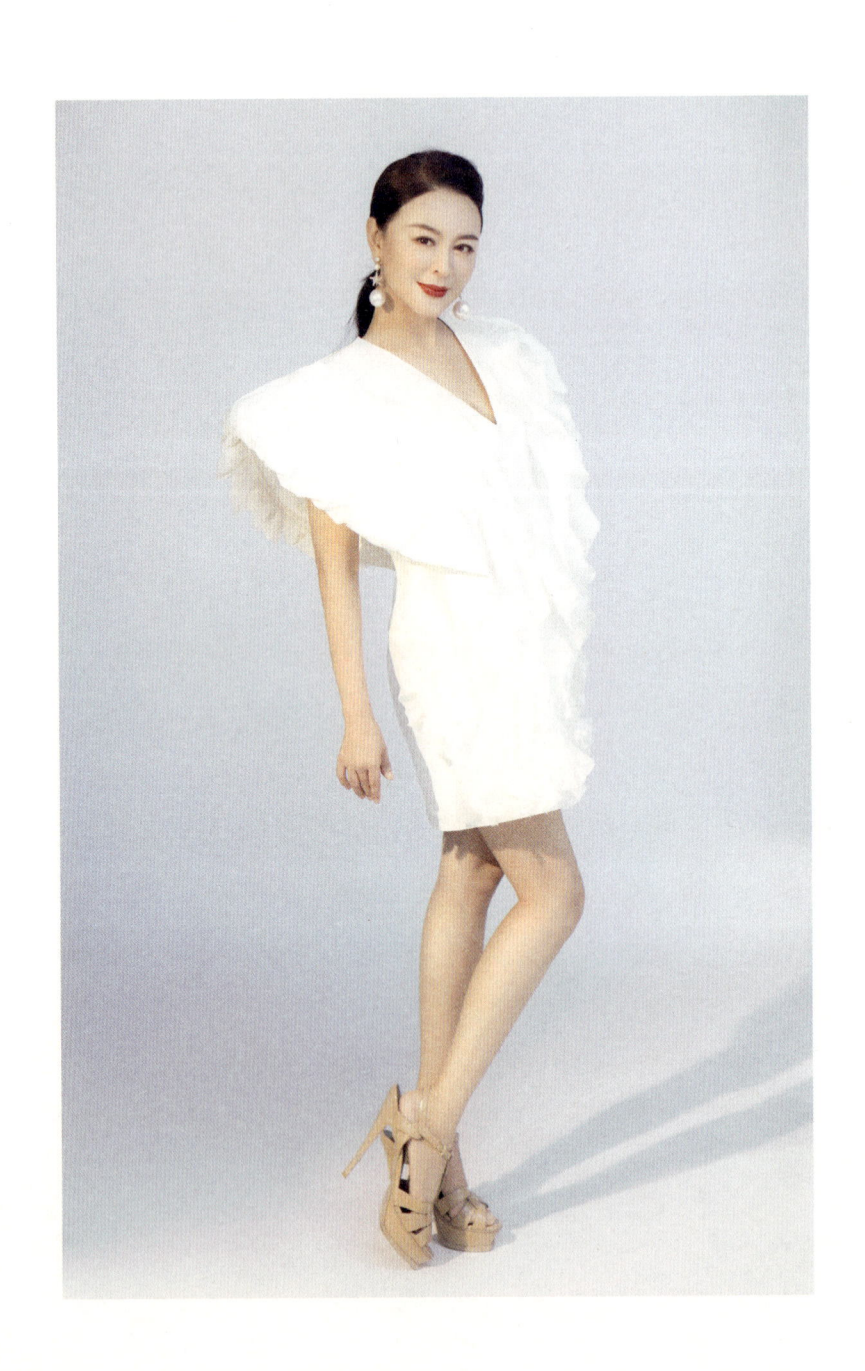

优雅仪态养成计划

林语堂说:"女人的美不是在脸孔上,是在姿态上。"

这里的姿态其实就是指女人内在涵养的品质,是她整个人所散发出来的磁场效应。

实际上,女人的优雅举止都是从日常生活中的点点滴滴中养成的,女性的优雅体现在平常的仪容仪姿里,从一个女人优雅的举止里,我们可以看到一个女人的文化教养。

在日常生活中,人很容易全身自然放松,不太注意自己是否举止得体。要想让自己举止优雅,就要在平时注意自己的仪容仪姿,注意自己的一举一动,无论是站立、走路,还是坐靠,都要保持四肢平稳、端正。要特别注意不要弯腰驼背,或者歪肩膀叉腿,这些都会给人一种散漫的印象。身体应该保持端正挺直,举止要落落大方,展示出精干利落的形象。那么如何才能做到这样呢?至少应该注意以下四个要点(表4)。

表4　优雅形象的四个要点

优雅形象的四个要点	站姿	站姿展现女人特有的韵味。在交际活动中,女人站立时不仅要挺拔,还要优美、有神韵。站立时要抬头、颈挺直,双目向前平视,下颌微收,嘴唇微闭,面带笑容,动作平和自然,身体有向上的感觉
	坐姿	坐姿如何优雅从容?坐下时,应面带笑容,双膝自然并拢,双腿正放或侧放,双脚并拢或交叠;立腰、挺胸、上身自然挺直;双臂自然弯曲放在膝上,也可以放在椅子或沙发扶手上,掌心朝下
	步姿	流云般优雅的步姿。款款轻盈的步态流露出一种温柔端庄的风韵。走路时应以腰带脚,以腰部为中心,膝盖伸直、脚跟自然抬起,两膝盖互相碰触,面带微笑,双目平视
	状态	因公务或个人交往出入社交场合时,应注意举止要大方礼貌、稳重自然,而过于张扬炫耀引人注目是缺乏修养的表现。还要注意,即使在自己家中,也不要过于松懈、不讲美感。因为如果你平时在家散漫惯了,外出和上班时就容易忽视自己的仪态了

当然,如果你在行为举止方面走到另一个极端,则同样令人讨厌,生活中不乏一些人,常常故作姿态,摆出一副看似优雅的样子,殊不知优雅不是装出来的,而是从骨子里透出来的。

优雅常与微笑相配,优雅的女性脸上总带有恬淡柔和的微笑。微笑可以展现一个人内心世界的情感,意味着人的甜蜜幸福和快乐,也是表达愉悦的一种心境,会笑的女人就是降落人间的天使。"在用语言交流之前，人类必须用表情交流"，询问数百位男士："你最喜欢的女人脸部表情是什么？"答案大多是"微笑"。一位学者说："微笑是高超的社交技巧之一，也是获得幸福的保障。"

一个微笑可以为家庭带来愉悦，也可以在同事中溢生善意。它为悲观者带来阳光，它是大自然中去除烦恼的灵丹妙药。请你将微笑赠予他们吧，因为没有一个人比无法给予别人微笑的人更需要一个微笑了。"

许多人在生活中感到压力太大，时常有累的感觉，以致很少露出笑容。我们应该学会用笑来熨平心灵的褶皱，慰藉心灵的创伤。

女人的高品位是一种综合的美，其中，微笑展现了一种恬淡、一种自信、一种活力、一种执着，含蓄、柔和、有亲和力的微笑有利于人际交往。微笑还可以增强创造力。营销人员微笑的时候就处于一种轻松愉悦的状态，这有助于活跃思维，从而创造性地解决顾客的问题。相反，如果神经紧绷，只会越来越紧张，创造力也会随之被扼杀。

自然而富有魅力的微笑并非天生的，可以通过后天的练习做到。常见的、有效的和最具形象趣味的训练方法就是对着镜子微笑，如此反复多次。我每天在家练习微笑，通常是在刷完牙之后，或是经过卫生间的时候，在任何有镜子的地方都可以练习微笑。用两个食指放在嘴角两边，轻轻向上拉，呈元宝状，或者像蒙娜丽莎式的微笑，微露笑意。

还可用情绪诱导法寻求外界的诱导、刺激，引起情绪的愉悦和兴奋，从而唤起微笑。比如，可以回忆过去吃过的美味食物、听轻松的音乐、看搞笑的相声。

日常生活中自然而富有魅力的微笑能给人传递一种亲切、和蔼、热情的感觉，会使他人感到温馨、安全、和蔼可亲。

真正的优雅体现在一个眼神、一句话语、一个动作、一抹微笑。优雅更是内心世界的充实，是纯洁心灵的外显，是完美个性的自信体现。而所有的这些都来自你所受的教育、你的自身修养以及你对美好天性的培养与发展。尤其是对于女人来说，越是成熟的女人越有独特的韵味和魅力。一个心态年轻的女人，岁月虽然会在她们的脸庞上留下痕迹，但也会为她们增加成熟的风韵和智慧。

优雅的女人是外在美和内在美的统一，是内在的综合素质渗透到外表显现出来的一种高贵气质，是一种无以言说的细腻风度。

第四章 与身体对话

情绪管理造就优雅体态

哈佛大学曾经有个调查，人体90%的疾病是来自我们的情绪。有医学统计，人体90%的疾病是和免疫系统失调有关的，而影响免疫系统的一个非常重要的因素就是情绪。心里的焦虑、憎恨、痛苦等情绪变化，会使免疫能力下降。

人的身体通道出现堵塞，大部分是由情绪造成的，尤其是抱怨消极的情绪。人生气时会觉得心里难受，就是因为情绪影响内动力，引起身体能量的耗费。当心里不高兴的时候，情绪就会低落，身体机能就会产生变化。

我国《黄帝内经》有五脏和五字的说法：怒伤肝，喜伤心，思伤脾，悲伤肺，恐伤肾。每一种器官，其实都代表一种能量，代表一种情绪，其实情绪就是一种能量。如果我们长期处于某种强烈的情绪当中，它就会形成一种物质停留在我们身体里面，阻碍我们吸收正常的身体养分，造成身体器官功能的失

柔软的力量

调，从而破坏身体内部的平衡系统而酿成疾病。

我们身体的压力其实也常常跟情绪有关，与精神的压力是混合在一起的。

精神上的压力是怎样来的？人生在世，都会有七情六欲，感情上的创伤、恐惧、家庭生活方面的一些变故、工作的问题、经济的问题等都会引起精神方面的压力和不愉快，也许一件小事就能激起你极大的情绪变化。

人是社会的一员，所以这种压力除了来自身体和精神方面，同样跟我们的生活环境密切相关。生活上的压力来自我们的外部环境，常见的环境污染、疫情等因素都可以给人们的身体和心灵带来沉重的压力。由日常生活中的冲突而产生的过激反应，也会制造出各种负面情绪，负面情绪其实是过激反应的产物。

有的人无论你怎样运动，注意姿势，也会感到身体僵硬，即使不坐班、不工作也会经常感觉肩酸背痛……有时身体僵硬源于情绪，你可能觉得自己一直是很平静的，但是身体是硬的。情绪会诚实地表现在身体上。

根据表5查一查你当前是否有不良情绪吧。

如果出现表5中的状况，你就需要尽快调整自己的情绪了，一定要做到放松。

表5　不良情绪自测表

不良情绪自测表	容易生闷气	是/否
	特别容易紧张	是/否
	没有安全感	是/否
	易产生恐惧	是/否
	有抑郁的倾向	是/否
	不擅长表达自己，比较木讷	是/否
	容易焦虑、担心	是/否
	脾气急躁	是/否
	容易钻牛角尖	是/否
	性格固执	是/否

如果常常陷入负面情绪里，整个人处于能量很低的状态中，身体，特别是整条脊柱气血供应都是不足的，肩颈、腰背，以至于面庞都会变得僵硬。

经常情绪不好的人，肝也不会好，因为肝主疏泄，属木。生发、伸展、柔韧都是木的特性，肝不好，就不够柔韧，关节伸屈不利，身体崩得紧紧的，整个人便会变得僵硬。

所以情绪管理非常重要。情绪管理并非消灭情绪，而是疏导情绪，让人的情绪得到充分发展，人的价值得到充分体现。从尊重人、依靠人、发展人、完善人出发，提高对情绪的自觉意识，控制情绪低潮，保持乐观心态，不断进行自我激励、自我完善。

柔软的力量

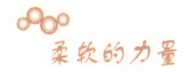

好好生活，好好去爱

良好的生活习惯和生活方式是我们拥有健康身体的基本条件，是我们精力充沛、激情勃发地投入工作的基本保障。习惯决定思想，思想决定行为。我们每一个人其实每天都在被习惯支配，而我认为，长期保持的好习惯就如同种树一样，越早开始越好。习惯早起、习惯跑步等好的习惯能够成就一个人，坏的习惯则能够摧毁一个人。

我给大家简单分享一些关于我的日常生活小习惯，希望可以给你借鉴和帮助。我提倡日常生活中的四好：好好吃饭、好好睡觉、好好健身、好好去爱。

好好吃饭

爱自己先从好好吃饭做起，大家看是不是这样呢？就拿吃饭这件简单的事情来说，不少人吃饭时，还想着各种乱七八糟

好好生活,好好去爱

良好的生活习惯和生活方式是我们拥有健康身体的基本条件,是我们精力充沛、激情勃发地投入工作的基本保障。习惯决定思想,思想决定行为。我们每一个人其实每天都在被习惯支配,而我认为,长期保持的好习惯就如同种树一样,越早开始越好。习惯早起、习惯跑步等好的习惯能够成就一个人,坏的习惯则能够摧毁一个人。

我给大家简单分享一些关于我的日常生活小习惯,希望可以给你借鉴和帮助。我提倡日常生活中的四好:好好吃饭、好好睡觉、好好健身、好好去爱。

好好吃饭

爱自己先从好好吃饭做起,大家看是不是这样呢?就拿吃饭这件简单的事情来说,不少人吃饭时,还想着各种乱七八糟的事情，吃不了几口就拿着手机刷一下新闻，看一下八卦，刷视频，发朋友圈，看起来忙忙碌碌，实际上饭没吃好，也啥事都没做。《传习录》中，王阳明说了一段话："今人于吃饭时，虽无一事在前，其心常役役不宁，只缘此心忙惯了，所以收摄不住。"

这段话的大意是说，有人在吃饭的时候，即使没什么事，内心也是忙乱的，只因为他的这颗心一直都忙惯了，所以收摄不住了。

各位，你现在又是什么状态呢？吃饭想着别的事，做别的事儿又想着吃什么？身心是不是没有合一呢？所以好好吃饭也是修行。

浩瀚的宇宙就是能量的呈现，所有的生命都是能量的载体，是能量的凝聚。能量场与世界万物相互联系。所以我们人类要想生存就需要能量，必须不断地获取能量。人的能量分为三种，分别是初级的、高级的、顶级的。人类的初级能量，靠吃饭喝水解决，饮食是人类赖以生存的基础。高级的能量，需要智慧。人与人最大的区别，是认知的区别，从智慧中获取的能量用来滋养心灵，保持内心的善良与光明。人类的顶级能量，是在高维空间中获取的，那就是"灵感"，而灵感的本质就是高维空间的能量。

人类吃饭的目的是什么？很简单，就是为了获得营养，获

柔软的力量

得能量，为了活下去。那么我们应该如何去获取能量呢？当然，每个人都想拥有更多的能量，人体有一个功能专门用于获取大量能量，那就是消化食物，可是我们吃东西其实并不是简单的加减法，不是吃的数量多，能量就多，我们需要懂得食物本身自带的能量对我们生命品质的影响。

我们这里说的能量不同于营养，在饮食中人们除了摄取食物本身物质层面的营养，同时也会吸收食物中的能量。

我们的能量提升究竟从哪里开始呢？在经济飞速发展、物质生活越来越丰富的今天，对于吃什么、喝什么、用什么？以哪种生命状态生活？其实我们是可以选择的。我是提倡吃素食的，素食中的豆制品和水果，含有丰富的植物蛋白质、碳水化合物、钙、磷和多种维生素，营养价值高，容易消化吸收。在素食品中蛋白质的含量极其丰富，麦谷类约含8%～12%，而黄豆竟高达40%，是肉类的两倍多。许多坚果、种子与豆类都含30%的蛋白质，并含有丰富的多种维生素和营养素，大豆的植物蛋白和脂肪，可以降低人的血清胆固醇，能降低患者高血压、动脉硬化等心脏疾病的风险。所以素食者所食豆类、五谷杂粮、水果等，完全可以补充身体的营养，增进健康。

好好睡觉

我们再来看"好好睡觉"。现在很多人都深有体会，如果你的电脑或者手机持续工作较长时间，就会变得卡顿。这个时候你可能会选择"清理垃圾"，让手机和电脑恢复到更理想的运行状态。

而你身上更为重要的大脑，有没有类似的"清理垃圾"的功能呢？答案是肯定的——在你睡着的时候，身体会自动更新一次。科学家们发现：在躺卧睡着之后血液会周期性地大量流出大脑。每当血液大量流出，脑脊液就趁机发动一波"攻击"。而脑脊液进入大脑之后，就会清除大脑的毒素。这样的清洗，只有在睡着后才能做到，等你一觉醒来，又能拥有一个清爽的大脑。

所以，好好睡觉，不要熬夜了。这是因为睡眠过程中，大脑里的神经元会开始同步活动，一起开，一起关。

哲学家亚瑟·叔本华也曾说过："睡眠是一切健康和精力的源泉。"从某种意义上说，好好睡觉也是眼前工作的一部分，好比手机充电器想要圆满完成工作，提高工作效率，就要及时为工作充电，储备能量。

中国古人早就琢磨明白了睡眠的重要性，中医里的一句箴言："药补不如食补，食补不如睡补。"还总结出了关于睡觉的四条守则，如表6所示。

表6　古人睡觉的四条守则

古人睡觉的四条守则	子时之前一定要睡觉	长年熬夜，无论男女，直接伤肝，日久伤肾，逐步造成身体气血双亏，每天照镜子时会觉得脸色灰土一片。这时候就是天天营养品，天天锻炼身体，也不能弥补睡眠不足或者睡眠不好带来的伤害 因此，早起没关系，但晚睡绝对不行。许多精神不振的人，多有晚睡的习惯，这往往容易伤肝、伤精、伤胆。这样的人，眼睛往往也不好使，心情多抑郁，快乐的时候不多（肺气也受影响，长期得不到有效宣泄的原因）。还有的人认为晚上睡得晚了，白天可以补回来，其实根本补不回来，要么睡不着，要么睡不够，即使感觉补过来了，其实身体气血已经损伤大半了
	睡时不宜思	很多时候，失眠源于入睡时有挥之不去的杂念。此时，不要在床上辗转反侧，以免耗神，更难入睡。最好的办法是起坐一会儿后再睡。实际上，对于现代人来说，要想在晚上11点前入眠，早点儿上床酝酿情绪也很关键，以便给心神一段慢慢沉静下来的时间。"先睡心，后睡眼"说的就是这个道理 如果还是不行，可以尝试在睡觉前简单压腿，然后在床上自然盘坐，自然呼吸，如果能流泪打哈欠，效果最佳，到了想睡觉时倒下便睡
	午时宜小睡或静坐养神	午时（相当于上午11点至中午1点），此时如条件有限，不能睡觉，可静坐一刻钟，闭目养神。其实，正午只要闭眼休息15分钟，下午会神清气爽。夜晚则要在正子时睡着，第二天一天状态才会非常好，元气满满
	晨间早起	在冬天，早上7点起床，春夏秋季尽量在6点左右起床。对人体养生而言，这最有利于人体的新陈代谢

第四章 与身体对话

续表

古人睡觉的四条守则	晨间早起	早起的好处在于可以把代谢的浊物排出体外，如果起床太晚，大肠得不到充分活动，无法很好地完成排泄功能。此外，人体的消化吸收功能在早晨7点到9点最为活跃，是营养吸收的"黄金时段"。所以，千万不要赖床，头昏、疲惫不堪很多都是由贪睡引起的 睡眠很重要，熬夜降智商。随着年龄的增长，熬夜要付出的代价太大了，白天大脑代谢的有害物质如果不能及时清除，自闭症、阿尔兹海默症可能会在你年老时找上门

好好健身

人生最大的悲哀就是"有命赚钱，没命花钱"。

"你是愿意做一个快乐健康的乞丐，还是愿意做一个病魔缠身的皇帝？"科尔顿说："最穷苦的人也不会为了金钱而放弃健康，但是最富有的人为了健康甘心情愿放弃所有的金钱。"

健身的价值不仅意味着身体健康，还意味着情感和心理健康。我们无法左右生命的长短，但完全能够控制自己的心情，"我运动，我快乐"！平时坚持锻炼、增强体魄，在关键时刻有可能救你一命。

在人生的这场马拉松比赛中，人活一天，就要活出有质量的一天。让自己身心都健康快乐，在健身中找到最强的自己，好的身体能够支撑你去感知世界，增加对生命的体验和感悟，这也是一种生活态度，是对自己的身体和家人负责的态度。

柔软的力量

好好去爱

宇宙间存在着一股强大的能量，这股能量具有很强的创造力，这股力量就是爱。我们就是生活在爱当中，我们热爱一切，爱自己、爱伴侣、爱父母、兄弟姐妹、子女、朋友……爱一切众生。

爱的能量是具有频率的。能量与能量之间可以相互感应，相互吸引，同频可以共振，也具有吸引的作用。爱会吸引更多的爱，恐惧会吸引更多的恐惧，快乐会吸引更多的快乐。

我特别喜欢蒋勋说的这句话："爱的本质是一种智慧……"

人的一生总有一些不尽人意之处，每个人都会有这样那样的缺憾，只要自身能正视自己，坦然接受自己的一切，敢于大大方方地把真实的自己展现在别人面前，别人就会被你的乐观热情感染，快乐地接受你！所以说，接受自己是走向成功自信的关键。只有首先学会爱自己，你才会真正懂得爱这个世界。

如果你真的爱一个人，真的在乎他，请帮助他成为更好的人，但在此之前先帮助自己成为一个更好的人，因为在爱别人之前，你应该先爱自己。

爱自己是自信人生的起点，要想做个自信的人，你就一定要学会爱自己，精心经营自己的美丽，储藏自己的精力，关爱自己的健康，呵护自己的心灵，使自己无论何时何地，遇到何事何物都能淡定从容。

爱自己，是源于对生命本身的崇尚和珍重，这可以让我们的生命更为丰满、更为健全，让我们的灵魂更为自由、更为豁达。

英国作家毛姆说："自尊、自爱是一种美德，是促使一个人不断向上发展的一种原动力。"痛苦与磨难是生命必经的历程，你只能靠你自己；最孤独的时候不会有谁来陪伴你，最伤心的时候也没有人来呵护你，你只能靠你自己；跨越一些生命中必然要遇到的难题和障碍，也只能靠自己。

学会爱自己，不是让我们自我放纵，而是让我们学会勤于律己。

爱是一切的根源，当你心中充满爱的时候，爱就是打开心灵之门的钥匙。时光因爱而暖，人生因爱而美。没有爱，世界必将是一片荒芜。

分享爱，感受爱，无论是人格层面或是心灵层面，都是爱的存在方式。爱，是我们最初级的体验，是我们本自具足的内在，心里装着满满的爱，你的生命就会充满无限的希望与期待。爱是所有问题的解决之道，爱可以消除隔膜和误会、痛苦和失望。只因心中充满了爱，我们才会如此地热爱生活、热爱工作、热爱身边所有的人和事；只因心中充满了爱，我们才可以播种希望和信任、友谊和财富。

柔软的力量

人生有味是清欢

人类用了几百万年才登上食物链的顶端,但从生态的角度来看,倡导素食,是从与自然和谐相处的这个角度出发,提醒我们回归到食物的本身去,透过朴素的饮食而获得快乐。吃素就是强调"简单的美""朴素的美",以及回归自然的真、善、美。

倡导素食只是希望借此启发大家的思考。

为什么要素食呢?摘录一段我认为最通俗的对素食的解释:"素食是净化身心最直接的方式。一个人食素越多、越足,他就越阳光、越健康,生命力就越强,他的心灵也越干净。"

林清玄曾说过,调味越重的食物越廉价,越清淡的食物越贵。

宋朝的饮食业异常繁荣,文人学者对饮食的著述也很庞杂,大致可分为食经、茶学和酒学三大类。而宋人林洪的《山家清供》从中脱颖而出,它不仅有菜谱,还有掌故;既有朴素的饮食美学,又有清雅脱俗的诗词,还有各种食疗养生的指导。

唐朝以前,中国人喜欢肉食,蔬菜是佐菜,或叫配菜。到了宋代,蔬菜终于以素菜的名目出现。《山家清供》分为两卷,一共写了上百道菜,"山家"即山野人家,"清供"即清淡简雅的食物。

苏东坡的《狄韶州煮蔓菁芦菔羹》一诗中说:"我昔在田间,寒疱有珍烹。常支折脚鼎,自煮花蔓菁。中年失此味,想像如隔生。谁知南岳老,解作东坡羹。中有芦菔根,尚含晓露清。勿语贵公子,徒渠醉膻腥。"苏东坡在诗的前半部分说,他早年经常支起一个折脚鼎,用蔓菁、萝卜做东坡羹吃。后来人到中年,失掉了这个味道,想起来恍如隔世。谁曾想南岳狄太守亲自做了东坡羹,里面的白萝卜还沾着清晨露水呢。千万不要告诉那些富贵公子哥,那些人只知道大鱼大肉。苏东坡很喜欢吃白萝卜、白菜,这些看似普通的时蔬在平常中孕育着最朴素的美。

书中的"玉糁羹"就是用大米、萝卜等熬成的粥,这道菜与苏轼和苏辙两兄弟有关。有天晚上,两兄弟一起喝酒,酒酣耳热之际,把萝卜捣烂用水煮,不放其他佐料,只将白米研碎做成粥,苏轼发现特别好吃,于是这道玉糁羹就诞生了。不过

柔软的力量

虽然叫玉糁羹，也可用其他食材代替萝卜，如芋头，这是苏轼的儿子苏过"发明"的，"过子忽出新意，以山芋作玉糁羹，色香味皆奇绝。天上酥陀则不可知，人间决无此味也。"诗云："香似龙涎仍酽白，味如牛乳更全清。莫将北海金虀鲙，轻比东坡玉糁羹。"

我们在食用各种肉类与乳制品时，有没有想过，每一头动物在被宰杀时他们都会充满了恐惧、痛苦、悲伤，可想而知这些被宰杀的动物体内的能量是非常低的负能量。如果我们真的要把这些吃下去，然后消化，并吸收它的负能量，那我们身上也充满了负能量。当下快节奏的生活，人心越加浮躁，多吃素食对健康大有益处。而且素食能让人从朴素的食物中寻求到内心的宁静和平和，糙米、杂粮、深绿色蔬菜中富含的B族维生素可以通过调节内分泌、神经系统来舒缓紧张的情绪。

许多人都用自己吃素的亲身经历充分验证，正确食素不仅会带给我们健康的偏碱性体质，还会令大脑更加灵活，让人容光焕发，精力充沛。

素食是一种人生修炼，是回归身心喜悦的第一步。

第五章 偷得浮生半日闲

关于"忙"和"闲"

想想我们在与亲朋好友沟通的时候,是不是经常把"忙"挂在嘴边?用"忙"当作借口。因为忙,而渐渐疏离了朋友;因为忙,而冷淡了亲人;因为忙,而忘了自己的健康。"整天忙,却不知道忙些啥""忙得晕头转向""忙得不知所措",等等。正如那个时代之问——时间都去哪儿了?似乎我们每天都忙着做事情,其实,忙与做事情一点关系都没有。

当下社会人与人之间都在为追求名利"算"来"计"去,不"忙"也难。所以,也不难理解为什么现代人喜欢说"忙",而古代人喜欢说"闲"。在西周的青铜器上"闲"字就出现了不止一次。《击壤歌》吟:"日出而作,日入而息。凿井而饮,耕田而食。帝力于我何有哉!"先民崇尚的一直都是一种顺其自然,悠然自得的生活啊!

"人生,有必要的忙,也要有必要的闲。"这就告诉我们

"忙"和"闲"是人生的一体两面，不能分开。"只争朝夕的忙，是为了夕阳看花的闲"也说明了"忙"和"闲"的辩证关系："忙"是为了"闲"。

"忙而有价，闲而有趣"揭示了"忙"与"闲"的内涵："忙"要有价值、有意义，"闲"要有趣味。这也体现出了人生最好的状态和真正的价值。

然而治疗"忙"这个心病，只强调"闲"不行，因为"闲"本身缺少一点儿生气。还有一个字则被误解了几千年，就是"懒"字。懒，"心+束+负"，用心约束自己、负起责任，多好的字面含义啊。古人发明汉字，很多文字的本义是值得深思的。

扪心自问，许多所谓的"忙"，是自己真正需要的吗？不妨闲下来，适当的慵懒一下，放松自己，让心收回来。当然，在这里并非提倡"懒"，而是提醒你要适当给自己的心灵放个假。

忙碌的生活，常常使我们忽略了很多机会，每天都为了生活劳碌奔波，转眼间，时间一晃而过。回首望去，猛然发现，自己好像弄丢了很多东西。只顾着埋头向前走，却忽视了身边的风景有多美。

一个"忙"字，打散了多少家庭！因为忙，顾不得问候亲人、联系朋友，也没时间体贴爱人，关心孩子。

在感情中一个"忙"字，又拆散了多少对情侣。"没事，你忙吧，我没关系的。"这句话里面究竟隐藏了多少心酸与无奈：既然你这么忙，我又怎么能忍心去打扰你呢？

当我们很忙的时候，你早就失去了闲情逸致，不再留意身边的风景，甚至不再关心别人，更不会关心自己，也忘记了自己精神上和身体上正常的需求，你甚至也感受不到身体的病痛，这种状态就是你的心神耗费过多，心从自己身上"逃走"了。

时间都去哪儿了呢？一天又一天，忙忙碌碌，内心却是空空的。过分忙碌，生活和生命就不鲜活了，所以要想鲜活，唯有慢下来，放松下来，柔软下来。但是又有多少人能够做到放下呢？忙忙碌碌，这不是生活之道；忙里偷闲，苦中作乐，乃生活真谛。

人淡如菊，心如止水

忙有价，不无为，忙出人生价值和意义。闲有趣，不过纵，显出生活情趣和逸致。忙于浮生，当以闲养身，以淡养心。

在名利之外，在诱惑之外。拥有这样的淡雅，会让一个女人无论多大年龄都能散发出从容高贵的气质。

记得在一次电视采访的节目中，嘉宾是肥猫郑则仕。主持人问他最欣赏妻子的哪一点。郑则仕含情脉脉地看着坐在身旁的妻子，笑着回答："我最欣赏她心淡如菊。"

"落花无言，人淡如菊，心素如简。"这就是人生的最高境界。心淡如菊，是一种平和宁静、淡定自如的心境。心淡如菊，也是对一个女性最好的赞美之词。

女性的美一定是由内而外散发出来的，这样的女性秀丽脱俗，她们是优雅的、明净的，也是聪明的、知性的。

当下有些人的内心非常浮躁，他们违背了自己内心的真实想法，做着事与愿违的事情，为了虚荣而放弃倾听内心的声音，甚至放弃自己真正的爱人，放弃自己的梦想。

殊不知"浮躁"才是我们内心痛苦的根源。

只有当你把心从世俗的浮躁压抑中解救出来，当你在心灵中注满愉悦和喜乐时，你才能真正倾听到从内心发出来的声音，才能真正了解自己的内心。

虽然人人都向往激情的生活，但生活终将归于平淡。

心淡如菊，即修炼自己的内心，要在生活中像一朵雪菊般内敛而朴实，散发着淡淡的香味。她看似不争不抢，朴实无华，却有着非常强的吸引力和感染力，和这样的女性在一起时，她就是那朵菊，安静、恬淡，散发着迷人的味道。

做一个内心的修行者，拥有灵性的境界，是值得我们每一个女性修炼的。正确地对待自己，修有一颗平常心。

舍弃一些应付生活琐碎和玩乐的时间，拿出一些精力放在提高自己内涵和精神境界上吧。提升自己的思想境界，就是在自己柔软的内心深处，把自己还原成那个本真纯洁的自我，抛去烦杂就是做回简单的自己。像是一条小鱼，欢快地在水中畅游；像是一只鸟儿，自由地在天空翱翔。去体验自然，寻找快乐，用纯净的心去拥抱这个世界，让生命得以安宁。

老子的《道德经》关于"静"的论述有好几段。我们看第十六章："致虚极，守静笃。万物并作，吾以观其复。"翻译成白话即：使心灵保持虚和静的笃定状态，不受外界影响，当万事万物并行发生时，我用这种心态观察事物的规律。

"致虚极"，就是要做到内心没有一丝杂念，空明一片，湛然朗朗。"虚"从道家角度来看和佛家的"空"有相似之处，都表现的是一种精神状态。

安静是一种生活姿态，是一种寻找自我的方式，是一种至高的人生境界。它并非来自别处，而是来自我们对平静、疏淡、俭朴的生活的追求和热爱。亦舒说："做人凡事要静，静静地来，静静地去，静静地努力，静静地收获，切忌喧哗。"静的世界是美的。因为静，有了韵致，也因为静，有了风骨。心静了，风月也是静的。

我喜爱静，静是一种境界，也是一种力量。周国平说："人生最好的境界是丰富和安静，安静是因为摆脱了外在的虚名浮行的诱惑，丰富是因为拥有了内在的精神宝库。"

人生因安静而丰盈，岁月因无声而静美。日子平淡，淡中自有人生味。随着年岁的增长，人是往回收的，曾经的年少轻狂已消失殆尽，多了一份成熟和从容。随着对生命越来越深的理解与体验，人也越来越透彻地理解，生命最可贵的莫过于一份善良平常的心态，以及一份真实满足的心境。

有人说，人生最好的境界是安静，但是安静不是为了享受,而是为了收获人生的丰富。

静,不是环境的沉寂,而是心的空灵与宁静。

世界上活得最快活的人,往往正是那些懂得在纷乱的俗世里,守住一份清静的人。

心静则宽,心宽则安,心安则可从容以对。不再彷徨和焦虑于是否拥有一个健康的身体、一份安稳的工作、一个和睦的家庭。用干净的心灵,安然接受,不惊不扰,心存温良,微笑走过每一天。

坐下来,煮一壶清茶,伴着一曲《云水禅心》慢慢品味;手捧一本书,静静地阅读;展一尺素笺,沿着岁月的脉络慢慢书写。心宁静了,才能致远;心简单了,世界就会简单。

柔软的力量

坦然面对自己

最近听到一种关于"寂静"的阐释,很有意思:"脱离一切烦恼叫做'寂',杜绝一切苦患叫做'静',寂静即涅槃。"

"消除烦恼、杜绝苦患在于自己能够保持一心不乱。而想要保持这种心定的状态,重要的在于坦率地接受自己。

只有自信、坦率面对自己,懂得自我反省,才能真正受到大家的欢迎。性格坦率的女性是拿自己的一片真心交朋友,谈感情。对人从来不会阳奉阴违、阿谀奉承。虽然有时她们看起来让人觉得很强势,嘴上不饶人,但其实内心非常温柔,也会包容别人。尤其是对待她们在乎的人,即使再生气,等到气消了,也会忍不住包容他们,一心为他们好。这种女人,看似不好相处,其实最善良单纯,值得人用真心相待。

生命有阳光和雨露,也一定有坎坷与沼泽,顺境与逆境两者并存,不可或缺。人的一生不可能永远一帆风顺,任何一个女人也不可能从内到外完美无瑕。人生中遭遇到挫折也好，痛苦也罢，都要学会平静地接受现实。我们只有学会接受现实，才能努力用自己的能力去改变现实。无论一个女人的现状如何、遭遇了什么，她的内心都应该保持乐观而通达的。学会让自己拥有顺其自然的心态，学会坦然地面对困境，你的生命会变得更坚韧、更有力量。

也许你经常抱怨自己长得不够漂亮，身材不够苗条；也许你觉得自己不够幸运，好机会都被别人夺走了；也许你在生活中经历了一些令你感到无法接受的痛苦和挫折，让你的内心备感受挫，沮丧不已。

此时的你也许会不停地哭泣，不停地抱怨自己和这个世界，"为什么我这么差劲？""为什么倒霉的总是我？""是不是我命不好？"这就是现实，你认可与不认可，现实都存在，你也不可能逃避的掉。

在面对困难的时候，不要躲躲闪闪，逃避自己的内心，而是勇敢地承担起自己的责任的人，她也许不会受到任何负面的影响，反而是得到了更多人的理解和赞美。

人的一生必定会有风有浪，美丽、富有、幸运的女性也会经历痛苦和挫折。当遭遇困境时，不要抱怨和逃避，勇敢地面对它，对它说："你尽管来吧，我不怕你！我有勇气面对，也有力量来解决你！"

用淡定从容的姿态面对人生中的一切，学会接受现实，学会积极地看待人生，学会凡事都往好处想。这样，阳光就会流进心里，驱走恐惧和阴霾，驱走失望与沮丧。"祸兮福之所倚，福兮祸之所伏"，接受现实，用自己的努力去改善现实中的不如意之处。做一个内心强大而富有行动力的女子，不自哀自怜、一蹶不振。我们生下来不是被打倒的，失败只是我们进步的梯子，不是压倒我们的磐石。振作起来，行动起来，让所谓的"霉运"在你的手中转变为好运气！

想要成为一个快乐又幸福的女人，很简单，要变得更坦率，无论对自己、对他人，只有用坦率的态度与人相处，才能吸引人。你可以想想自己平常的行为，是否表里不一，人前人后扮演不同的角色。

当然，在不同的场合，我们需要塑造适当的形象以达到目的，获得掌声。但在现实生活中，很多人都忽略了退场后应当把面具卸下。入"戏"太深，容易失去自我，分不清楚是在经营自己的人生，还是在不停地表演。在电影《27件礼服的秘密》里面，女主角的妹妹黛丝为了嫁给一个大老板，隐藏真实的自己，装出一副大老板喜欢的姿态和形象，甚至为此激怒了照顾她十几年的姐姐。当一切真相被揭穿后，大老板对她很失望，她也错过了与大老板的姻缘。电影的最后，黛丝在姐姐的婚礼上又和大老板相遇，这次她没有隐藏自己，她很认真地介绍自己，坦率地做自己，结果不仅得到了大老板的青睐，同时还找回了和自己家人的亲密关系。

其实，坦然做自己很简单，你首先必须知道自己想要什么、不想要什么；喜欢什么，不喜欢什么；想追求什么，或者该抛开什么。了解自己，不对自己说谎，培养自省的能力，只有能接受自己最难堪的一面，才能轻松自在地做自己。

每个人都想成为引人关注的对象，但是受欢迎指数和长相不一定成正比。也许你不相信，很多长得好看的女性却人缘不佳，究其原因，是她对人不够坦率，对自己根本没有自信。只有懂得坦率做自己的女性才有魅力，因为唯有你自己学会如何欣赏自己、如何呈现出充满个人特色的真我，才能成为受大家欢迎的人。

在现实生活中有这样的一群人，她们个性大大咧咧，不喜欢耍手段和心眼，她们心直口快，说话从不遮遮掩掩，而是大大方方坦率表达自己，不会刻意掩饰自己的情绪，也不会故意虚情假意。这样的女人也许有自己的缺点，但其直率真性情不失可爱。只有真诚坦率又有主见的女人，才能成为真正的人气女王。

另外，坦率固然重要，但是坦率中也必须要有几分内敛，凡事都应该懂得适可而止，这也是自我坦率的真谛。

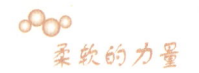

也谈知足常乐

知足常乐在《道德经》里是这样写的:"祸莫大于不知足,咎莫大于欲得。故知足之足,常足矣。"翻译成白话的意思是:"没有比不知足更大的灾祸了,没有比贪得的欲望更大的过错了。如果知道到哪个边界你该停下来了,才能得到永恒的满足。"

这是老子对人性认知的总结,也确是人性的缩影。历史上由于不知足产生的悲剧也在不断上演。如果一个人拥有了权力,那么他的征服欲、控制欲就会膨胀。西方哲学有句话:"上帝想让人灭亡,必先使其疯狂。"正是由于不知足、不正当的贪念,导致灾祸的发生。

因此,对"知足常乐"最好的理解在于控制自己的欲望,尤其是不合理的欲望,这才是正确的"知足常乐"之道。

现实中,每个人都会有一些需求和欲望,但过分的需求和欲望当适可而止。若是总想着什么都拥有，不懂知足和感恩，最后往往什么都得不到。只有内心越知足，生活才能越富足。

生命本应是快乐的，而我们总是被欲望所制约。哲人曾描述，生命与生俱来就有两种特性，即神性和物性，生命的乐音发自两者共同和谐的奏鸣，而生命的妙音则发端于生命的知足。

如果能做到和谐、知足，怎么会不快乐呢。人常说，知足常乐。然知足常乐，贵在珍惜，珍惜自己所拥有的一切，不抱怨、不贪求。斯蒂芬·霍金曾说："如果能把期待降到最低，便会对拥有的一切心存感激。"怀着感恩的心，我们自然更加坚定我们的信念。很多时候，成功都是在最后一刻才蹒跚到来，感谢自己的知足，并尽量消解自己不必要的欲望吧，你将因此收获良多。

古希腊哲学家苏格拉底曾经和几个朋友一起住在一间很小的房子里，但他却总是乐呵呵的。有人问他："和那么多人挤在一起，连转个身都困难，有什么可高兴的？"苏格拉底说："朋友们在一起，随时都可以交流思想，交流感情，难道不是值得高兴的事情吗？"

过了一段时间，朋友们都先后搬了出去。屋子里只剩下苏格拉底一个人了，但他仍然很快乐。那人又问："现在的你，

柔软的力量

一个人孤孤单单的,还有什么好高兴的?"苏格拉底又说:"我有很多书啊,一本书就是一位老师,和这么多老师在一起,我时时刻刻都可以向他们请教,这怎么不令人高兴呢?"

总是被劝说知足常乐。可是到底怎么才算是知足呢?难道放弃奋斗就会回归快乐吗?其实,知足常乐不是委屈自己,降低要求,而是一种成事的策略。知足者,并非放弃追求,而是对自己现状的肯定。因为知足,所以快乐,因为快乐,所以能以更好的心态追求未来。知足常乐实际上是一种生活的态度,如果你看待事物的心态总是"永不满足"或是抱着还能更好的心态,带给你的一定是焦虑、挫败和无望。

我们只有把快乐建立在对事物通透的认识和理解上,看透事物发展的规律,明白无穷欲望带来的后果,及时终止自己过多的欲望而免遭损失和灾难,才会获得长久的平安、富足和快乐。

人生得意须尽欢,莫使金樽空对月。人生在世,得意淡然,失意坦然。不如意之事十之八九,所谓人生不过"得失"二字,重要的是心态。

亦舒说:"真正有气质的淑女,从不炫耀她所拥有的一切,她不告诉人她读过什么书,去过什么地方,有多少件衣服,买过什么珠宝,因为她没有自卑感。"

真正能够做到得之淡然、失之坦然的人，一定是内心强大且有经历的人。人生如戏，每一个人都是主宰自己人生的唯一导演。笑看人生，才能拥有海阔天空的人生境界。

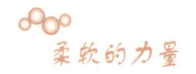

不争、不辩的处世智慧

不争,是杨绛一生的写照。她很喜欢自己翻译的一句诗:"我和谁都不争,和谁争我都不屑。"

杨绛先生曾说:"我甘心当个'零',人家不把我当个东西,我正好可以把看不起我的人看个透。"

细品杨绛先生的人生观,只觉得人间清醒,通透至极。

每个人认知不同,看待同一事物,得到的结论也不同,甚至可能是截然相反的。

如果看不惯一个人,不必与他争出高低,做个明白人,藏起锋芒,远离是非,你就赢了。以平常心应对无常的人生,这是大境界,退一步,海阔天空。人活着,没必要凡事都争个明白。黑是黑,白是白,让时间去证明。跟家人争,争赢了,亲情没了;跟爱人争,争赢了,感情淡了;跟朋友争,争赢了,情义没了;跟陌生人争,争赢了,缘分没了。虽然你认为争的是理，但输的是情，伤的是自己。

柔弱不争是道家自我修养，处世生活的教义。老子从对自然界的观察思考和分析中，深刻阐述了"柔之胜刚，弱之胜强"的道理。而老子不争的教义，与柔弱思想有着相互的联系。所谓"不争"，《道德经》说："天之道，利而不害。人之道，为而不争。"即天地万物的运行和人的行为都应顺乎自然而不能强求，与自然无为的教义思想非常相近。所以，又有"无为不争"之说。

而"不争"也是儒家提倡的为人准则，也对"不争"有过更通俗的阐释，孔子有一个跟不争相关的故事。

> 有一天，孔子的一个学生在门外扫地，来了一个客人问他："你是谁呀？"
>
> 他很自豪地说："我是孔子的学生！"
>
> 客人就说："那太好了，我能不能请教你一个问题？"
>
> 学生很高兴地说："可以啊！"
>
> 客人问："一年到底有几季呀？"
>
> 学生心想，这种问题还要问吗？于是便答道："春、夏、秋、冬四季。"
>
> 客人摇头说："不对，一年只有三季。"
>
> "哎，你搞错了，四季！"

柔软的力量

"三季!"

最后,两人争执不下,就决定打赌:如果是四季,客人就向学生磕三个头。如果是三季,学生向客人磕三个头。孔子的学生心想自己这次赢定了,于是准备带客人去见老师孔子。

正巧,这时孔子从屋里走出来,已经听见他们俩的对话,学生上前问道:"老师,一年有几季啊?"

孔子看了一眼客人,然后说:"一年有三季。"

这个学生快吓晕了,可是他不敢马上反驳老师。客人幸灾乐祸说:"磕头,磕头!"学生没办法,只好乖乖地磕了三个头。

客人走了以后,学生迫不及待地问孔子:"老师,一年明明有四季,你怎么说只有三季呢?"

孔子说:"你见过蚂蚱吗?它春天生,秋天就死了,它从来没有见过冬天,只有三季。你跟他讲三季,他会满意,你跟他讲四季,讲到晚上都讲不通。你假装吃个亏,磕三个头,无所谓。"

学生听了以后很开心,说:"我以后再碰到那些不讲理的人,都不会生气了,也不往心里去了。"

一个没有修行、没有明理、没有开悟之人算是无明。所以人们常常会说:"秀才遇到兵,有理说不清;宁与聪明人打一架,不与糊涂人说话。"

最近看到传奇人物埃隆·马斯克说了这样一句话："我再也不和别人争吵了，因为我开始意识到每个人只能在他的认知水准基础上去思考，以后有人告诉我2加2等于10，我会说'你真厉害，你完全正确！'"

马斯克所说的认知水准也就是认知水平。一个人的认知水平决定了他的判断力，认知水平越低，判断力越低，人就表现得认死理、固执。

一个人的固执里，藏着低水平的认知。一个真正优秀的人会保持其独特的个性，因为他们认识到，所谓的固执并不是独特的个性，某种程度上说是一种人格缺陷。

为什么总有人固执己见？不是因为他坏，也不是因为他蠢，而是他的认知水平不够。

认知水平越高，人越能意识到自己的不足。认知水平高的人的衡量标准中除了知识之外，还有自身潜力的挖掘、精神趣味的提升、多元化的学习等。

认知水平高的人，往往更乐于提高自己，于是一段时间后，当你返过来再看自己做的决策或者思考时，往往还会补充更多的可能性。

因为你又进步了，你的认知水平又提升了。这就是为什么当一个人知道得越多时，越明白自己的无知，真正厉害的人物反而很谦虚。就如苏格拉底所言："我唯一知道的就是我一无所知。"

柔软的力量

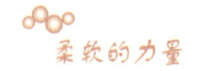

　　心理学上有一种"达克效应"，即指越是无知的人，越盲目自信。比如，越是学渣越觉得自己最牛，越是新手司机开车越胆大。他们之所以固执地相信自己的判断，就是因为无知，所谓无知者无畏。

　　有位老师说："一个知识越贫乏的人，越是拥有一种莫名其妙的勇气和自豪感。因为知识越贫乏，你所相信的东西就越绝对，因为你根本没有听过与此相对立的观点。夜郎自大是无知者、好辩者的天性。"

　　所以千万不要与固执无知者争辩，有道是："井蛙不可语海，夏虫不可语冰。"不要跟井底的青蛙谈论大海，因为它的认知只有井底那么大，大海对它来说是认知盲区。不要跟夏虫去谈论冰雪，因为夏虫没有经历过冰雪，冰雪对于它来说是认知盲区。

　　认知低的人，认知盲区越多，越容易坚持固有认知。马斯克说那样的话，说明他确实是悟到了人与人交往之间的真谛，在人生的每一个关键时刻，都要审慎地运用智慧，做最正确的判断，选择正确的方向。

　　大家好好悟一下，其实我们在日常生活中，学会用柔软的力量去智慧处事，一定能很好地处理人际关系。柔软的力量，值得被看见。真正的智慧是接纳，外不起分别，内不生对立，不与天斗，不与人争，不和自己拧巴。慈悲没有敌人，感恩没有冤家，智慧没有烦恼。

第六章 ▶ 过有松弛感的生活

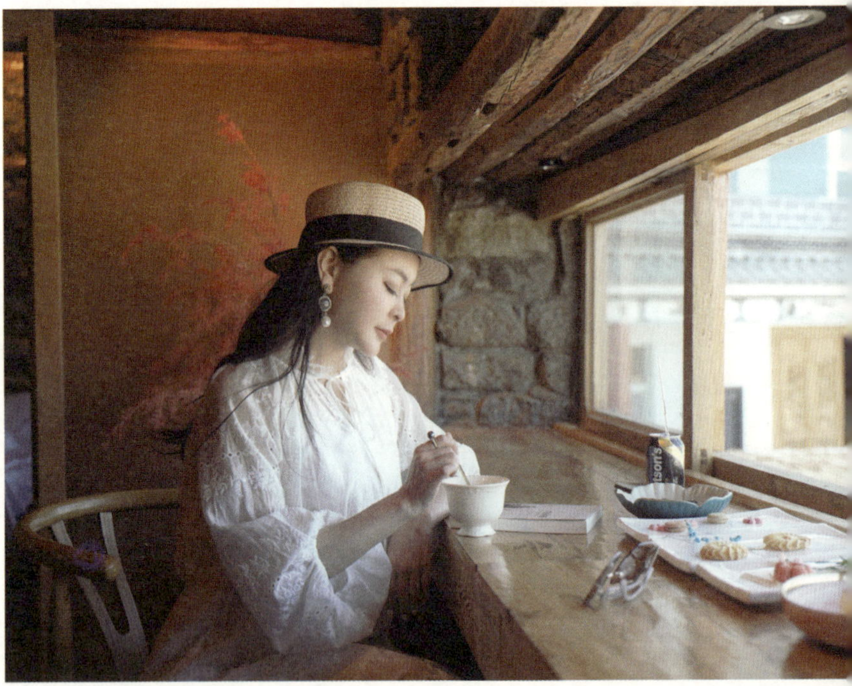

女人如茶、如酒、如咖啡

如茶的女人，象征着有韵的清冽。

我喜欢茶道，它是茶艺与人文精神的结合，通过茶艺表现人文精神。茶道有系统的规程，茶叶要碾得精细，茶具要擦得干净，茶师的动作要优雅，既要有舞蹈般的节奏感，又要准确到位、一气呵成。

正如参禅需要顿悟一样，在一遍遍的茶道礼法的熏陶之下，在一次次的精心操作之后，当规程不再令饮茶者厌烦，饮茶人信手而为都符合茶道礼法，才算领悟了茶道的真谛。

还因为女人如水，男人似茶。当好茶遇到好水，便如同"此曲只应天上有，人间能得几回闻。"

品茶让生活化繁为简。不妨饮一杯香茗，让自己在充满压力、快节奏的生活中获得片刻宁静，此时能够静下心来思索纷纷扰扰的世界，有助于帮助自己保持一份平常心，积极融入生活。

对女人来说，品茶更具有特别的意义，一个乐于花时间去泡茶、品茶的女人，更为自身增添了几分茶的气韵，让人感到深厚甘醇，清香缭绕，耐人寻味。在品茶中，女人的从容、淡定、温柔与优雅令人着迷，可以说喝茶时的女人是美丽的、自信的、自然的。女人饮茶不仅增添了自己高雅的气质，更是一个让自己充满智慧、悦己的过程。

茶与水的区别不仅在于色泽和香气，更在于其中的韵味。女人如水，质朴、顺和，永远都与生活保持着平行的态势，即使偶感平淡无味，也能从中悟到生命的本真、灵慧、恬淡，还有令人愉悦的感召力。

"茶香"便是气质，"茶味"则是神韵。顷刻之间，便可使一个平凡的人在平淡无奇中找到一份闲逸、宁静和淡定。此时，人生的曲折、韵味，便会悠然融入茶香之中，氤氲、闲散、自然，如禅意一般，随意而动、随心而行、随时而化、随遇而安……

品茶的程度与境界是不一样的，你是哪种境界呢？作家三毛对品茶的境界有一个总结，她说："人生如三道茶。第一道苦若生命，其味甚苦，称为苦茶，代表的是人生的苦境。第二道甜似爱情，其味苦中带香甜，代表的是人生的甘境。第三道淡如微风，其味淡而有味，代表的是人生的淡境。"

当三毛发现理想与现实格格不入时,也曾经在迷惘中彷徨,在苦闷中颓废。孤寂、忧郁和失落在《雨季不再来》中体现得淋漓尽致。然而,三毛并未在逆境中沉沦,她始终对生命满怀热忱,并且一生都在执着地探寻生命的意义。这便是如茶女人的第一道茶——生命之苦。

她是一个执着的女人,可以因一本杂志吸引,毅然背起行囊,走进寸草不生的撒哈拉沙漠。在这片不毛之地,三毛发现了生命的另一面,同时也找到了另一个快乐的自我。于是,自由、浪漫、温馨、热情洋溢在《撒哈拉的故事》之中。成熟而不肤浅,柔韧而有姿态;既有感性的果决,又有理性的深邃。对生命的全新领悟,使三毛重塑自我,开始享受快乐的人生。这便是如茶女人的第二道茶——生命之美。

三毛的丈夫荷西意外去世之后,她再次陷入了生死离别的苦痛之中。思念、孤寂、凄绝,她默默承受着失夫之痛。正如三毛所说:"每想你一次,天上飘落一粒沙,从此形成了撒哈拉。每想你一次,天上就掉下一滴水,于是形成了太平洋。"经历了滚滚红尘,目睹了人生百态,尝尽了悲欢离合,就彻悟了。面对巨大的精神打击,她没有消沉,而是凭借自身的张力继续探求着生命的玄奥与坚韧。这便是如茶女人的第三道茶——知味随风。

三毛可以将生命的苦涩与甜美沏满茶盏,品鉴其味。随后，再用生命的温度将二者凝聚升华，达到知苦知乐、离爱离恨、淡化随风的境界，这便是一个如茶女人独有的人格魅力。

捧三毛的书，就像手握一杯香茗，清净、疏朗地完成了一次时光之旅：嗅到了如茶女性的清雅、芬芳之味；触到了生命的厚重、坚韧之形；悟到了人性的豁达、沉郁之美。我喜欢品茶，一个人，品着一杯茶，嗅着茶的芳香。不为世俗所扰，不为外物所动。此刻，只需要一个安静的环境，一个没有喧嚣打扰的地方。就在此时，只有茶，只有我。

如红酒的女人，象征着不张扬的炽烈。

如红酒般的女人，充满朝气，充满灵性，只觉醇厚的幽香，妙不可言。

女人可以赋予红酒以生命。这个时候的女人，她的红唇一如嘴边鲜艳的葡萄酒，或对着夜空品一口红酒，或放下高脚杯沉思，展现出那种难以言表的精致、细腻和浪漫。

我远远地闻着红酒的芳香，入口醇柔而化，让我情难自禁，怪我执着贪杯，陶醉其中，在奇幻的梦境里，安然睡去……

一个懂得品味红酒的女人，一定懂得如何品味生活、享受生活。那红色的液体在杯中翻腾，浓郁的香味经由红唇流入身体，化作生命的一部分沁入心脾，酒红色艳丽又深沉，高傲中透着亲切，多一点是疯狂，少一点是矜持，让人沉醉其中。抿一口，在口腔中回旋，在舌尖翻滚，盛开的味蕾早已感知那涩涩的、酸酸的、隐约又有点苦苦的滋味。

女人就像那红酒。当你凝视它时，悸动的心跳早已无法自抑，当酒在味蕾中流动时，感受到的是酸涩过后的甘甜和香蜜，在知道它将融入自己的生命时，是那么令人兴奋，欲罢不能！如此暧昧的感觉从口齿间开始弥漫至全身，红色里蕴藏的浪漫情怀更使人精神振奋，使生命燃烧。

在夜里，在烛光下，女人微醉时脸上泛起阵阵红晕，婀娜的身姿被红酒衬托得几乎完美，风韵十足。这个时候的女人是最懂得制造浪漫和享受浪漫的，性感与风情此时达到极致。红酒从某种意义上讲，它被赋予了一定的情感，或许带点浓艳，或许带点高雅，或许也带点诱惑。红酒让女人平凡的生活有了一点点独特的诗意，内心世界得到升华。

如果一个女人能够像品味人生那样品味一杯红酒，那么手拿高脚杯的她拥有的不仅是醉人的风情与浪漫，更是拥有智慧和优雅，与众不同又超凡脱俗。

请去品尝一杯红葡萄酒吧，细细品味其中的滋味，无论是甜，是苦，或是酸涩，仿佛都是由生命中的点点滴滴凝聚而成。

如咖啡的女人，象征着知性的醇厚。

不知道从什么时候开始，迷恋上了咖啡。你知道女人为什么如此热爱咖啡吗？

咖啡的神奇在于可以调制出或香浓、或甜醇、或酸楚或苦涩的味道……伴着一杯醇香的咖啡，任自己沉浸其中，放松紧张了一天的神经。

喝咖啡不仅是在喝一种饮品，更多的是在体验一种能够由内而外提升自己、让自己的状态更加阳光积极的生活方式。

喜欢喝咖啡的女人，她一定是这样的。每天一杯咖啡，帮助控制食欲，喝咖啡不仅能够促进新陈代谢，而且能让自己在咖啡时光中平静放松，让心态平和。

在春天，一个阳光灿烂的日子，我不经意走进一家咖啡馆，咖啡馆里的钢琴声悠扬动听，温暖的阳光洒下来，空气中弥漫着咖啡的醇香。咖啡馆是典雅与浪漫的结合，我喜欢咖啡厅的情调，喜欢它在细节上的美感，亦如最动人的女人不是在浮躁的闹市，而是在雅致的一隅被精致定格。

对于现代女性来说，咖啡早已脱离了"小资"的标签，而浸透于生活的方方面面。清晨早起、上班路上、闲暇漫谈时，她们总少不了一杯咖啡。于女人而言，咖啡是一种消遣，亦是一种生活。一杯咖啡轻啜一口，如同裹着柔软的毛毯，温暖、舒缓和沉静，它轻柔地唤醒你，让自由闲适伴你一天的生活。一杯又浓又香的咖啡，其层层香醇的味觉与丰盈的口感能唤醒你昏昏欲睡的神经，让思考迟缓的大脑清醒，激发出你内心愉悦、激情、乐观、自信的情绪。给你带来一天里最自在的轻松时刻，让紧张的工作充满活力，让好心情无限延续。

有韵味的女人大都拥有咖啡般浓香的迷人味道，这种味道柔和而又坚强，圆润而又诚实，自然而不做作。当遇到快乐的事情时，她们总会尽情欢笑，而当看到动人的电影时，则会默默地感动流泪。她们喜欢回忆那些琐碎但温馨的画面，揣摩着，感悟着。

爱喝咖啡的女人会自然而然地形成一种属于自己的独特气质，不需要名牌服装、化妆品的修饰，依然能展现优雅气质。

爱喝咖啡的女人，无论是否事业有成，立足于人群中所焕发的光彩依旧浑然天成，引人入迷。

爱喝咖啡的女人，大多是个内心丰富，情感细腻的人，含蓄地透露出浓浓的感性与灵性，蕴含着精致女人的味道。她们有着自己独特的修养，靓丽中包含着优雅，内敛中蕴含着大气，有着自己独特的淡定和自信。

克拉克·盖博说："不喝咖啡，是不会笑的，许多女人对此深有同感。"喜欢喝咖啡的女人是很值得去品味和追求的！

外表：优雅女人不可或缺的资本

优雅是对一个女人的最高赞美。外貌的美丽是天生的，是上帝的眷顾。

优雅是一种感觉，这感觉更多的来源于丰富的内心世界，还有智慧与博爱、理性与感性的完美结合。优雅是精致中透着独立的气质，骄而不奢，柔而不娇，沉稳而从容的珍贵品质。

英国女演员奥黛丽·赫本被公认为世界上最优雅的女人，是美的化身，曾被称为"永恒的天使""凡间的精灵"。她说："优雅是唯一不会褪色的美。"

她本人就是优雅、时尚、高贵和智慧的完美结合，她告诉每一个女性，做女人其实很简单，就是要知道自己心中想要的是什么、想做的是什么，要遵循自己的内心世界去做自己想做的，不要盲目地追随别人，要发掘自己身上的优势，然后充满自信地塑造完美的自己！

是的，优雅韵味并非难以获得，只要我们在日常生活中，多注重生活细节，多虚心接纳有用的资讯，多注重自身的修炼。那么，我们每一个人都可以打造出属于自己的优雅韵味。

优雅的人不一定脸蛋漂亮，但她一定有独特的魅力。有些人总是在抱怨自己没有那种雍容大度的气质，殊不知，气质和优雅是后天培育出来的。漂亮和美丽是通过视觉来感知的，而优雅则需要用心去体味和感悟，它是女人修炼的结果。

奥黛丽·赫本曾说："我喜欢打扮，我喜欢哪怕在闲暇时也涂唇膏、穿盛装。我喜欢粉色。我相信快乐的女孩最漂亮。我相信每一天都是新的一天……我相信奇迹。"

这句很通俗的话，每个女孩子，甚至每个女人，都能够理解并且能够做得到。如果全身心地投入去做自己喜欢的事，就是最好的状态。有了最好的状态，气质、自信心、阳光的心态等美好的事物都会由内而外地生发出来。

每个女人都可以今天比昨天、明天比今天更有魅力。重要的是，你是否认识到优雅的重要性，是否愿意不断学习和实践提升这种魅力的方法，是否能够把提升魅力作为生活的重要内容，并为此做作出长期不懈的努力。

优雅魅力的其中一方面就是美丽的外表。奥黛丽·赫本曾

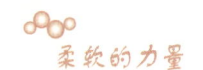

说:"外貌是女人不可或缺的资本。"爱美之心人皆有之,一个人展现出来的首先就是外表。

我国著名的建筑学家林徽因,集美貌与才华与一身。她从14岁开始就很会打扮自己,不仅男人称赞她,连女人都称赞她的美。林徽因的美不是浓妆艳抹,而是清雅得体,有她自己的风格。

先天条件好,可能赢在起跑线上,可是人生的跑道充满了变数,通过后天的努力也不是不能先到达终点。外表普通可以通过内在修养提升自己的气质,每个人散发出来的气质都是不同的,都是独一无二的。

俗话说,没有丑女人,只有懒女人。想要别人爱你,前提是先好好爱自己。每一个爱美的女人都明白优雅是女人一生唯一不会褪色的美。

购买打扮自己的东西要注重背后的品质,适当买贵不是奢侈(但并非只是为了买贵而买贵,品质高于价格),是对自己理性的投资(打扮体现良好的审美品位,又鞭策自己提高审美水平和自我价值)。

对于女人来说,服装品位的形成是一种认识自己的显现,从审美的角度来看,服装代表着第二个自己。实际上,每件衣服都隐藏着个人的某种意义,服饰也是对外传达个人风格的语言。很多女人非常善于利用外在的服饰在不同的场景展现自我。

对于时尚的女人,穿衣服比长得漂亮更重要。如何穿出个人的品位,如何买到适合自己的服饰,就在于你对于自己有多少了解。

奥黛丽·赫本的服饰风格可以说是21世纪最受女性推崇和模仿的,她在服饰上从不刻意追赶潮流。不仅如此,她还不断地鼓励当时的女性朋友去发现自己身上的优点,她不仅改变了一些女性的穿着方式,同时也改变了她们对自己的认知。

她总是坚持自己的穿衣风格,遵循自己的穿衣原则。时尚界流传着这样一句话:"是奥黛丽穿衣服,而不是衣服穿在奥黛丽身上。"作为一个演员,赫本穿出了自己的品位,在电影《蒂凡尼的早餐》中,赫本身着一件小黑裙,这件俏皮感十足的衣服,彰显出她优雅的气质。她曼妙的身姿搭配得体的小黑裙,清晰地展现出她完美的身形,将她身上与生俱来的灵气与性感凸显得淋漓尽致。

美容大师克莱尔·玛娜有一个著名的公式:三分姿色+一分化妆+二分服装+二分首饰+二分手袋=百分之百美人。可见,优雅的外表更需外部精心的搭配来衬托。具体而言,除了天生的外貌,化妆、服装、首饰、手袋在打造优雅外表上都很有讲究,如表7所示。

表7　优雅外表的四个要素

优雅外表的 四个要素	化妆淡雅	精致是讲究细节的，干净、不留痕迹、似有若无才是最高的境界
	服装得体	服装不在价贵，得体是首选，其次再考虑其他。穿衣要符合身份、年龄、职业、场合，这样才能穿出品位、穿出个性、穿出自信
	首饰精美	作为一个心系美丽的女子，首饰绝对是最爱。翠玉的手镯、本色陶土的项坠、猫眼儿、珍珠项链、铂金的指环、镶钻的耳钉和发卡，每一款都会凝结一个前世今生的约定
	手袋简约	手袋是精致女人不可缺少的单品。手袋除了用来装物之外，绝不能忽视它跟服饰的搭配。手袋和鞋子一样重要，用得好是锦上添花，用得不好则是败笔

品位是一种生活态度，也是一种无形的智慧和财富。女人的品位没有定式，是从骨子里淡淡释放的幽香。宁静的心态，淡泊的情怀，举手投足间表现出自然。女人的品位是有内涵，有神韵的。从容优雅的气质和形象，方能显露女人的韵味和品位。

气质：知性女人的自我修养

我们都知道一个人的价值，一个女性所体现出的高贵、一份从内而外的优雅气质，从来都不体现在某一个名牌包、某一套漂亮衣裳上，而是来自她的内心。

优雅带给你的是能让别人一眼不忘的好形象，是你内心的自信，是你的气场，是你不用太在乎别人眼光的优越感。优雅就是你的魅力。而这些并不是靠名牌和追潮流堆积出来的，与年龄、职业、衣服品牌都没有关系。

气质并不是依靠简单的外在塑造就能够拥有的，而是要通过内外兼修来培养。艺术气质也是可以在后天进行培养的。

好莱坞的经典电影《出水芙蓉》中有一个片段是这样的：在形体室里学习舞蹈的女孩子们一字排开，不停地练习着芭蕾手位，就在这时，她们的指导老师对她们说："你们想不想成为世界上最有魅力的女人？"女孩子们无不激动地说："想！"

对于这样的回答，老师也很满意："那就从现在开始，告诉自己'我就是世界上最有魅力的女人。'"从这句话中我们就能看出，一个女人想要将自己修炼成一个有气质的女人，第一步就是要敢于肯定自己。一个人如果连肯定自己的勇气都没有，就不可能得到别人的肯定。

英国王妃凯特，平民出身，自幼就极其聪明，十分独立。她面对狗仔队时的那份从容淡定以及她身上展现出来的现代女性的自信，受到了英国皇室的认可和英国人民的爱戴。英国某时尚杂志曾对她极为推崇，评价道："她身上具备了英国人谦逊、优雅的精神；而且，她的美不是用化妆品堆积出来的，她就是一朵清新自然的特殊玫瑰。"从凯特的经历中，我们不难得到这样一个结论，那就是贵族气质并不是贵族的专属，一个普通的女人，同样可以具备这种气质。现在的她已经成为英国时尚圈、政治圈、平民圈最受追捧和爱戴的公众人物，成为一个拥有无限魅力的气质女人。

如果你也想成为"女王"，那你就要培养自己的独特气质。

有些女人，年轻时未必引人注目，但经历时间的磨炼，却越来越有味道。我们管那种味道叫气质与韵味，也可以说是一种知性美。

知性女人就像是静静绽放的花朵，永远散发着淡淡幽香，无论是阡陌寻常的野菊，还是良苑华贵的牡丹，都可以散播余

第六章 过有松弛感的生活

香,塑造自我,展示美好,美丽而充实的花开花谢,尽显美妙风光。

知性女人和普通女人的区别在于感性与智慧,知性更易于培养良好的品德修为,更易于感知生命的无常。

知性美不单是外表的漂亮,更体现在丰富的内涵上。这种味道更多是后天的修养和文化的积累得到的。没有良好的文化素养的熏陶就很难成为具有气质的知性女人。

知性和阅历有关。知性同时也是一种积累,不仅是知识的积累,更是生活的积累。知性女人洞悉世事,并且人情练达,因此在生活中能够"长袖善舞",但不张狂;她们洁身自爱,清高却不孤傲。以平常心对万物,以慈悲心包容他人。

千古第一才女,宋代婉约派代表词人李清照,既有"知否,知否,应是绿肥红瘦"的清新别致,也有"物是人非事事休,欲语泪先流"的惆怅哀伤。

李清照是那个时代的一朵奇葩,她不仅在词作艺术上取得了和男性词人平分秋色的地位,甚至被后世誉为"婉约之宗"。

这上天眷顾的奇女子,是最恬静、最洒脱的女人。李清照始终明白什么样的生活才是她所追求的。她对事物观察细腻,每一片闲云,每一片落叶,都可以成为她寄托情思的载体,她用妙不可言的词句,如痴如醉地记录着自己的生活和情感。

柔软的力量

读书：增长女人的灵性

在卡耐基眼里，灵性是女性的智慧，是包含着理性的感性。它是和肉体相融合的精神，是荡漾在意识与无意识间的直觉。灵性的女人令人感受到无穷无尽的韵味与极致的魅力。

罗曼·罗兰曾说："和书籍生活在一起，永远不会叹息。"

一个有修养、有气质的知性女人，当她们漫步街头，穿行于写字楼间，她的一举一动，哪怕不经意的一瞥，都令人赏心悦目。有些女人，她们长相平凡，放在人群中绝对是不起眼的。但是无论在什么场合，她们总是能够慢慢吸引周围人的目光。这独具的魅力，是她们自带的气场。与这样的人聊天是愉悦的，是放松的。她们拥有敏锐的思维、渊博的知识，她们那独到的见解常常有让人如梦初醒的感觉。这样的女人自己就像是一本令人爱不释手的书，在这本书中有说不完的故事。让人忍不住细细地读，轻轻地翻阅，沉迷其中。

第六章 过有松弛感的生活

如何成为知性女人？首先是喜欢阅读。她们通过书籍收获思想，收获人生感悟。站在前人的肩膀上，可以拥有观察世界的从容，更有智慧地面对人生。她们与那些普通聪明的女人不一样。有的女人聪明得像一只高贵的刺猬，总是为了炫耀自己的锋芒而扎到他人，而知性女人的智慧则是含蓄而淳厚的，是女性内在文化涵养的自然外化。

知性的女人拥有独特的文化底蕴，举手投足间总是体现出一种文化的气质和风度。言语中流露出来的是魅力，是她的文采、才情、风韵和智慧。她们拥有睿智的头脑，懂得用理性和善良来化解内心的不良情绪。这是生活的经历所赋予的一种沉淀，知识的积淀使得女人独具风韵。知性是阅历的展现，是看遍了花开花落、云卷云舒后的沉淀。时间也许会在她的脸上留下痕迹，但她在思想上却历久弥新，让人倾慕不已。

当一个人的人生失去了追逐的目标时，不妨选择读书，让书籍带领我们脱离纷扰的现实，步入人类的精神殿堂。让引人入胜、曲折离奇的故事消除我们的孤独与落寞；让大师们用对人生的解读和生命的诠释带我们走出迷茫，指引我们找到生存的意义和人生的价值。

书是人类进步的阶梯，是智慧的殿堂，爱读书的女人内心是丰盈的。读书可以让人变得睿智，有思想、有品位。性格、涵养都能在看书的过程中得到潜移默化的升华。酷爱读书的人，不但有修养、有学识，而且还会焕发出一种淡雅秀丽的气质。这种内在的文化气质是通过读书修炼来的，犹如一块璞玉，经过岁月的精雕细琢，越发显得晶莹而圆润。她们这种具有文化气质的美，不会因岁月的流逝而消失，只会如陈酒般越久越香，值得人用一生去品味与欣赏。

爱读书的女人，对爱的理解更深、追求更高，懂得爱的真谛。她们渴望得到真爱，她们会用自己的一生去追寻独立和真爱，等候属于自己的那一份情缘。知性女人无论是喜是忧，她们都能够宠辱不惊，正确处理问题和烦恼。

爱读书的女人有趣味而懂风情，会营造生活的浪漫，拥有山一般的宽广胸怀，水一般的淡雅柔情。

聪明的女人懂得用书籍来充实自己的人生，因为她们知道，容颜会随着时光的流逝而老去，即使可以用粉黛来掩盖岁月的沧桑，但却无法遮掩自己的浅薄。

读书对女人而言，是生命要素之一，是一种生存方式。一个知性的女人也许她们貌不惊人，但是她们身上洋溢着浓浓的书卷味，自然带有一种内在的气质。这种内在的修为使她们与众不同。她们优雅的谈吐超凡脱俗，清丽的仪态无须修饰，她们静得沉稳，动得洒脱，坐得端庄，行得优雅，是天然的质朴与风雅的体现。

有句话是这样说的："请别说读书苦，那是通往世界的路……"

真正的灵性不在外面的世界，只在你自己的内心。有灵性的女人会时刻摆正自己的位置，既不好高骛远也不妄自菲薄，无论身处哪种社会角色，都不会让自己陷入尴尬的境地。灵性的女人善于思考，因为她知道唯有思考才不会使人沦于平庸。

周国平这样诠释女人的灵性与弹性："灵性，是心灵的理解力，是一种直觉，是一种心灵的悟性。有灵性的女人，善解人意，善悟事物的真谛。而弹性则是性格的张力。有弹性的女人，性格柔韧，伸缩自如。她善于在妥协中坚持。"

灵性是一种与生俱来的天性，是一种做人的态度，也是一种超凡脱俗的大度。灵性是一个人对环境的感知能力，是一种直觉，是内在的智慧。

真正有灵性的人出淤泥而不染，本自圆满具足，不迎合，不讨好，遗世独立；不做作，不逞强，清新脱俗。

周国平还有一段话："我所欣赏的女人，有弹性、有灵性。弹性是性格的张力。有弹性的女人性格柔韧，伸缩自如。她善于妥协，也善于在妥协中巧妙地坚持。她不固执己见，但在不固执中自有一种主见。"

有灵性的女人天生蕙质，善解人意，善悟事物的真谛。她们极其单纯，在单纯中却有一种惊人的洞见力。一个结合了灵性与弹性的女人会如何呢？她们必定是心思灵巧、智慧过人且仪态万方的女人。这样的女人做起事情来，总会比一般人顺利

柔软的力量

很多。

弹性与灵性是密切相连的。弹性是外在，灵性是内在。有灵性的女人有弹性、不刻板、不执着、善于变通，游刃有余。

有灵性的女人从不顾影自怜，因为她知道自信是女人不可缺少的品质，无论美丑，她始终相信自己有着感染别人的魅力，这种魅力源于内心淡定的从容。

有灵性的女人会有自己的生活哲学，她不会盲从别人的任何观点，而是善于汲取精华，用自己的心去感悟生活。

女人热爱生活，有情调与品位，但不会空谈浪漫，在她们眼里，生活如一杯红酒，学会品，方知味。

旅行与音乐：过一种从心所欲的生活

夜，寂静。月蒙住了脸，露出羞涩的微笑。借着灯光我伏在案前，不免勾起种种沉思。有人说人生至少要有两次冲动，一场奋不顾身的爱情和一段走就走的旅行。曾经有一位老师写下了一封辞职信，信中只有十个字："世界那么大，我想去看看。"对这句话我深有感悟，我相信只要是经历过的都会有这种感悟。

若是寂寞了，就一个人行走。寻一座霓虹闪烁、灯红酒绿的城市，登上楼顶，俯视万家灯火，体会具有烟火气的繁华。若是厌倦了喧嚣，寻一处宁静的幽谷，找寻隐藏在山间的纯净和那"鸟鸣山更幽"的人间仙境。如果人的一生没有独自一个人旅行过，那么可以说是非常遗憾的。

一个人独自踏上旅途，沿途万事万物皆是风景，放空心灵，你拥抱的是全世界。一个人来一场说走就走的旅行，看看美丽的风景，品尝一下各地的风味美食，体验一下不同的风土人情，领略世界文化的博大和精深。

有人说过"狂欢是一群人的孤独，孤独则是一个人的狂欢。"一个人旅行看似孤独，但是许多人更愿意享受这份孤独和宁静。一个人的旅行，会让你感觉整个人得到升华，这种感觉只有经历过的人才会懂。一个人旅行就好像规划了一次美好生活，能够沉浸在自己设计的世界中，随心所欲地遨游。在自己喜欢的城市，想待多久就待多久。喜欢动，可以披星戴月地在美景中徜徉；喜欢静，可以在咖啡馆里拿一本书、一杯茶享受一天，你能够有更多的时间思考，思考自己，感悟人生。

人生漫漫，给自己的心灵放个假吧，给自己来场说走就走的旅行，去邂逅属于你的世界！

旅行为我们打开了另一个世界，聪明的人不会把自己禁锢在周围的环境与感情中，而会抓住机会，认识外面的世界，开阔自己的心灵。任何一次旅行，都是内心蜕变的一次契机。一场说走就走的旅行，也是一次美好的憧憬、一份难得的洒脱、一次难忘的邂逅。

观世界，才有世界观。我听朋友说过这样一段话："世界观的匮乏是由于地理知识的匮乏。"你如何能建立起看世界的观念，这取决于你是否真的认识过世界。你要了解地理知识，选择奔赴高原还是平原，选择自己的生活方式。

第六章　过有松弛感的生活

踏上几次说走就走的旅行吧，穿越西藏、饱览亚马孙河、踏访新西兰农庄、在巴西跳桑巴热舞……旅行能让人体验到世间的百态，更能让人明白，见识是一个人不可缺少的重要资本。

古人云："读万卷书，行万里路。"旅行就如同一本会呼吸的百科全书。白居易在《大林寺桃花》中描绘："人间四月芳菲尽，山寺桃花始盛开。"沈括读到这句诗时，眉头凝成了一个结："为什么我们这里花都开败了，山上的桃花才开始盛开呢？"为了解开这个谜团，沈括约了几个小伙伴上山实地考察一番，四月的山上，乍暖还寒，凉风袭来，冻得人瑟瑟发抖，沈括茅塞顿开，原来山上的温度比山下要低很多，因此花季才来得比山下晚呀。凭借着这种求索精神和实证方法，长大以后的沈括写出了《梦溪笔谈》。

你总能在旅行中接触到很多书本没有的东西，慢慢地，你的视野宽阔了，素材也多了，人也会变得更加有趣，渐渐地，你会发现自己就是那本别人眼中喜爱的"书"。

人天生都是爱旅行的，因为在每个人的心中都有一种持久的冲动，那就是以独特的方式到更远的地方看陌生的世界。对于一个人来说，去过的地方越多，见过的风景越多，自己心中的世界就越开阔，而心也会因此变得豁达与从容。

生活不止有眼前的苟且，还有诗和远方。在许多人的内心深处，多么渴望来一场说走就走的旅行，或和最爱的人一起，去感受旅途中的美好。

如果真的有一天感到身心疲惫了，就给自己来一场说走就走的旅行，让自己的心得到大自然的洗礼，让自己的生命之树常青。

人的一生，难免有些许遗憾和无奈。当你认识到旅行也是生活的一部分时，旅行会让你变得更有气质、更有魅力。当你在世界各地都留下自己的身影时，那种奇妙的感觉绝非购物能体验到的。让那种对目的地的好奇与企盼、想要看看外面世界的冲动成为生活的一部分吧，随着旅行次数的增多，你会爱上每次出行的那份快乐。

旅行的意义不是去享受异地的星级宾馆，不是去大肆购物，而是为了更细致丰富地感受旅途。每次出行时，带上一颗谦卑的心灵、一颗充满期待的心灵、一双懂得发现的眼睛，去发现新的世界。

真正的旅行是对生活常态的"放下"。让人从繁杂的生活中"出走"，再次复归到他们没有生活负担、轻松的、单纯的、个性化的状态。而旅行的诱惑就在于旅途中那些无法预知的东西，那些无尽的可能。

第六章　过有松弛感的生活

当你在拥挤喧嚣的城市里生活时间长了，当你已经忽略了自己自然的变化，当你找不到心中的那份平和宁静，当你深陷一种感情痛苦到无法自拔，当你迷惘路在何方……走出去，打开眼界，开始一场旅行吧！去看看西藏的天、荷兰的水、法国的浪漫、墨西哥的狂热，去感受世界的奇妙，让心灵放飞。

有一首歌词是这样写的：

我要去那遥远地方旅行

忘掉所有烦恼

我要去那遥远地方旅行

柔软的力量

把那真爱寻找

我只带上我的单反相机

还有我的身体

如果你也一样喜欢歌唱

那么来吧一起同行

……

飘窗前,闭目躺在摇椅上休闲,音响里飘出的音乐令人沉醉。音乐中无穷无尽、无法用语言描述的魔力吸引着我走进夜阑人静、泉清月冷的意境之中。

音乐真的是一种十分神奇的东西,写在乐谱上的一个个单纯的音符,通过各种乐器演奏出来,带给人们的却是精神上的享受与震撼。

音乐,不是用眼睛看的,而是用心去体会的。音乐可以为人们的心灵打开一个新的世界,在这个世界里人们可以尽情释放自己的欢笑、自己的泪水,在流动的音符中寻找往昔生活的印迹,在起伏的音调中憧憬未来。音乐会在潜移默化中陶冶你的情操,因为它会在你听的过程中,使你的心平静,使你的思想游离,从而进入放松状态。这是俗世中人最需要的一种无人之境、一个心灵自由之地。

音乐是人最好的朋友,给人以憧憬、幻想、回忆、思考。

第六章 过有松弛感的生活

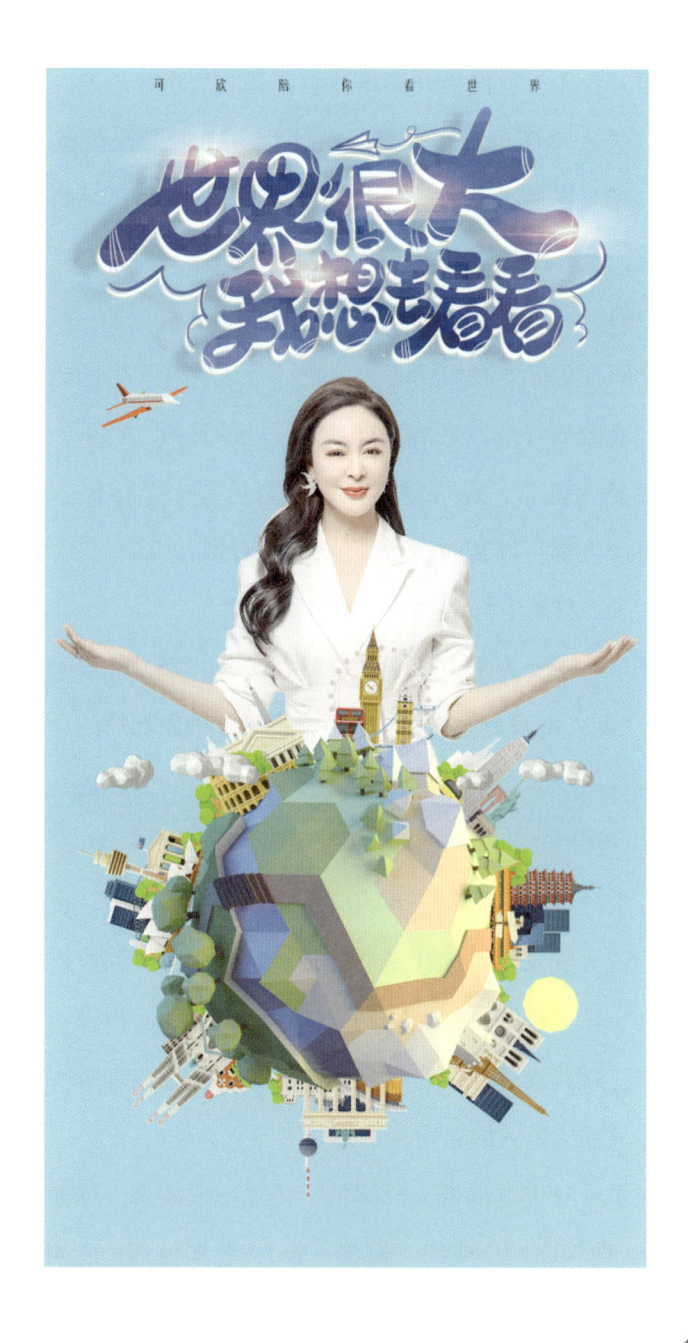

柔软的力量

人离不开音乐,就像鱼儿离不开水,花儿离不开阳光,鸟儿离不开蓝天。不懂享受音乐的人,生活是单调的,情感是贫乏的,日子是乏味的。有人这样说:"音乐是我独处时的伴侣,我知道,没有比音乐更懂我的了。"很多人已经将欣赏音乐变成生活中的一种习惯了。

好的音乐需要我们用心去感悟,音乐有着天生的热情,引发我们极大的好奇,感悟来自音乐深处的真谛。音乐,可以给自己的情绪配乐,也可以给孤寂的自己寻一个伴侣。在音乐里,每个人都可以暂时摆脱烦恼,所有的苦、痛、怨、憎,通通消失了,只剩下自由的灵魂与身体对话。

音乐对于女人来说,更有重要意义,艺术大师丰子恺有句名言:"女人本身就是音乐。"音乐的空灵正如女性的含蓄,音乐的婉转正如女性的柔媚,这句既象征又写实的说法真是无比美妙。

音乐的节奏、速度和音调的变化使人精神焕发,旋律优美的音乐使人安定,可以让紧绷的神经在音乐中得到放松,可以让压力、焦虑等不良情绪得到宣泄,可以让内心积极的情绪激发出来。现代女性在紧张忙碌的生活中,更应该多听听音乐,那是上天赐给世人的礼物。

音乐本身也在诉说一段感情、传递一段故事。或如《高山流水》,曲悦高妙;或如《梅花三弄》,悠扬悦耳;或如《二泉映月》，哀婉抒情；或如《梁祝》凄美动人……

爱音乐的人，多是性情中人。他们多愁善感，情思无穷无尽，不一样的时刻、不同的事情都会触动感情神经。音乐是"公开的情人"，如同心灵的清新剂和润滑剂，它能够滋润心田，抚慰心绪，优化情智，美化心灵。当身心疲惫或情绪低落时，音乐就是人最好的美容师，伴随着优美动听的乐曲翩翩起舞、舒展身躯，能使人气血调和，精力充沛，洋溢出健美的活力。

音乐是一种高尚的艺术形式，为生活增添魅力。爱好音乐是一种生活方式。也许我们未必懂得深奥的乐理知识，但只要有音乐为伴，生命就会因此变得饱满而充实，可以在音乐中安放自己的情感、欲望和泪水，生活也能因为音乐而更美好。听听世界经典名曲，这些名曲都是作曲家情感的结晶，你在其中一定能找到那份属于自己的天地。

嘉宾感悟分享

柔软的力量

徐井宏 中关村龙门投资董事长
　　　　清华大学教授

　　认识陈可欣老师已经好几年了,看着她一路走来,她把事业与情怀完美地结合在了一起。她和我说要写一本《柔软的力量》的书,我一点也不感到意外,因为可欣老师自己就是一位非常柔情的女士。女性之柔指女性在性格上表现出的温柔、体贴、善解人意等特质,女性的柔软和温柔常常被认为是一种亲和力和照顾他人的能力,也表现在她们的容忍性和包容性上,从而在家庭和社会活动中得到广泛赞赏,而这些特质在可欣老师身上都可以找到。

　　可欣老师作为女人有着最柔软的一面,但柔软不是软弱,而是一种强大的力量。柔软的力量是渐进式的,最终能够克服强硬的力量。所以,我们应该以柔软的方式来对待生命中的问题和挑战,用柔软的力量去创造和谐、平等和美好的未来。

每次见到可欣我们都会聊一些关于人性,尤其是女性的话题,而可欣老师都有着非常独到的见解。《柔软的力量》这本书是说人应该有柔软与温暖,同时内心亦应该坚定、果敢。可欣老师在书中启示我们,在追求自己的梦想和目标时,不仅要外表柔和,待人接物和善,更要内心坚定,不轻易动摇,坚持不懈地追求自己的目标,这样才能走向成功。

而我认为这是一个主观性很强的看法,不同的人对于女性的定义和评价可能会有所不同。有些人认为女性的柔软是她们的优点,因为这表现出她们的亲和力、温暖和包容性,这些品质在社交和家庭生活中都非常重要。

每个人都有自己的美丽标准和价值观,柔软的女人也有其特殊的魅力和个性。柔软的女人通常给人一种亲和、温暖、舒适的感觉,她们对待人和事情也更加细腻和体贴。这种柔软的品质不仅可以使人感到温暖,还可以给予人精神上的支持和鼓励。所以,柔软的女人在某些方面可能更加有美感和吸引力,但是这并不意味着其他人就不美丽或温暖。每个人都有其独特的个性和魅力,都值得被尊重和赞赏。期待着这本书的出版,给更多的女性朋友带来福音,给读者以启示,做一个柔性而优雅的女人。

柔软的力量

王德峰　复旦大学教授

女人如何作为女人而成为女人，在今天竟成了一个有时代特征的问题。

其实，男人如何作为一个男人而成为男人，在今天也同样是一个有时代特征的问题。这就是说，我们这个时代有一个重建阴阳和谐的问题。易言之，社会生活中有某种我们不得不去直面的病症。

一阴一阳之谓道。这是一个天道的问题。

论道原是大哲人的事业，不过，常人也能论，即从日用常行中论，从真切的生命体验和生命感受中论，而往往也可以论得深切明著。陈可欣的《柔软的力量》一书应可列于其间。

读此书，是一种对当下社会生活的精神体会过程，同时又是一个喜忧参半的过程。从女性的角度思之，当今谁能成为《红楼梦》中的探春？"探春理家"这场大戏实在精彩，无怪乎评点派人士涂瀛对探春有如此妙评："可爱者不必可敬，可畏者不复可亲。非致之难，兼之实难也。探春品界在林、薛之间……然春华秋实，即温且肃，玉节金和，能润而坚，殆端庄杂以流丽，刚健含以婀娜者也……吾爱之旋复敬之，畏之亦复亲之。"

这在今天能实践否？在我看来，不妨在读陈可欣此书时，边读之，边思之，凡遇共鸣处，即是心得也。

柔软的力量

林 少 十点读书创始人、CEO

作为一名女性同事居多的团队管理者,我经常能够从同事身上体会到柔软的力量。

《道德经》中说:"天下之至柔,驰骋天下之至坚。"柔不意味着弱,蕴含着包容;软不意味着退让,而是可进可退。柔软的精神和处事态度,可以帮助我们更好地面对生活和工作,也能够更好地接纳自我、发展自我。推荐可欣这本《柔软的力量》给你,愿你在本书中收获温暖和力量,愿你面对万事万物能够柔软而坚韧。

嘉宾感悟分享

徐　勇　天使成长营、进化家发起人
　　　　中关村天使投资联盟秘书长

可欣老师身上有一种温柔而坚定的力量。相识多年，一起做公益，一起做直播，一起搞活动。可欣都是那个说着最温和的话、绽放着最灿烂的笑容、鼓励着身边所有人、获得最厉害结果的那个人。我想，这就是可欣独有的柔软的力量。这也是把同理心、换位思考发挥到极致的力量。恭喜可欣把自己的心法写成书，相信所有认真读这本书的读者，都能从中获益。

吴卫华　吴聊传播创始人

福布斯环球联盟创新企业家

视频号营销系统落地专家

　　《柔软的力量》不仅是一本书，更是一位跨足多个领域、将成功与情怀并存的女性——可欣老师人生智慧的总结。

　　回溯她的人生历程，从央视的主持到视频号探索，再到在度假酒店行业做出成绩，可欣老师的华丽转型无疑是柔软与力量完美结合的象征。

　　她的躬身入局，展现了女性的温柔与果敢如何并存，如何在复杂的商业世界中，用柔软的策略与坚韧的决心走向自我突破。

　　此书不只是陈可欣老师个人经历的分享，更是对所有追求梦想的人，尤其是女性朋友的鼓励与指导。

　　在《柔软的力量》中，你会发现，柔软并不等于软弱，而是隐藏在内心深处的那份坚持与力量。正如可欣老师亲身走过的那条道路，外在的柔和与内心的坚定是通向成功的关键。这本书不仅值得一读，更值得深思，是所有精英转型人群的行动指南。

柔软的力量

萧大业 中国民营文化产业商会网红经济研究院副院长
畅销书《视频号运营攻略》作者
领导力专家
创业导师

　　和陈可欣老师认识是在北京参加的一个高峰论坛活动上，恰好我们都是当天的受邀嘉宾！后来在视频号大家经常直播连麦，切磋交流，在我们私董会一起学习，共同进步！我对可欣老师还是比较了解的，她本身就是一个非常柔软且坚定的女性！外表优雅，知性漂亮，内心坚定，从容有力量。可欣很自律也很努力，可以做到每天准时直播，兢兢业业！她很爱学习，也善于抓住机会，始终坚守她的初心和梦想，即使在创业路上经历各种考验和挑战，仍然能够做到"守静笃"！从我本人来说，也是非常崇尚女性的柔软之力，我一直认为，女人应柔情似水，这就是柔软的力量。水才是世间万物当中最厉害的,而柔软的力量正是像水一样啊!所以我觉得这本书非常值得一读。如果说一个女性身上拥有这种柔软的力量,她真的可以像水一样"浇灌"出坚韧的生命之花!

柔软的力量

李　菁 畅销书作者
代表作《你的人生终将闪耀》

在陈可欣老师的《柔软的力量》一书中，传递着一个女性至善至柔的精神内核。这种外表柔弱内心坚韧的品质，能让女性在处事中更加圆融，让人感到更加舒心。正如中国古代哲学家老子所言："上善若水，水善利万物而不争。"这种柔软而强大的力量，可以容纳万物，助益众生，同时也能使自身保持清新、自由和纯净。若我们能活出这种古人的智慧，便能在今后生活得更加幸福、通透。作为一名写作者，我强烈推荐这本书，它将激发你的内心力量，让你在柔软中发掘出真正的坚韧，成为一个更加优雅、自信和智慧的女性。

秦　君　君紫投资董事长、创始人
　　　　清控科创创始人
　　　　中关村创业大街创始人

在坚硬的世界里，做一个柔软的人！

柔，不是软肋，反而是铠甲，是我们与现实"短兵相接"时最好的装备！

软，不是懦弱，反而是张力，是生命的张弛有度和生命力的一种外在呈现！

保持天真，才能对抗世故；保持温柔，才能抵御世界的残酷，假如你被命运反复折磨，不要熄灭对生活的信念！

在充满了太多不确定的生活里，期待可欣老师的《柔软的力量》带着我们一起发掘柔软的力量！

柔软的力量

当焦虑和迷茫越来越成为常态时，一本好书是人的精神避难所，是最高级的精神食粮，跟着可欣老师一起走近柔软，体悟人生智慧！

谢谢美丽善良的可欣老师，用书中文字的力量与温暖，唤醒生命的能量，它们真正具有直抵灵魂、修复创伤的力量！

让我们一起跟着可欣老师去发现和拾取日常中细碎的柔软，星星点点的爱意流淌起来，也能温暖被生活"擦伤"的灵魂！

杜保瑞　上海交通大学特聘教授

可欣老师是一名专业的演说专家,她主持的谈话节目,以知性与美的形象,陪伴了无数的观众。可欣老师以女性柔美的角度,观察世界,从容进退,收获了无数的智慧,又以老子《道德经》的文字作为思想延伸的空间,完美地呈现了柔软思想的内涵。本书是可欣老师的人生哲学、智慧结晶,值得所有喜欢她的观众收藏。我是可欣老师的旧识,特别欣赏她,郑重推荐。

柔软的力量

王　敏　中国气场课程创始人
　　　　畅销书作家
　　　　代表作《我，不必和别人一样》《气场全开》

柔软的力量——这本身就是陈可欣老师最真实的体现啊。

十多年前我初识可欣，就被她的柔性魅力吸引，正如她在书中所写：柔软的女人，最有温度。对她了解越多，就越能感受到她是柔软于形，坚定于心。

《柔软的力量》这本书是可欣在学习成长中凝练出的人生智慧，既有传统文化的理论滋养，又有现实生活的指导方法，是现代女性必备的案头书，外修身、内养心。

作为气场的研究者和推广者，曾经我追求的气场是率真、张扬、勇于挑战，敢于向世界说"不！"就像夏天的骄阳，光芒耀眼，却让人不由地想远离，怕被灼伤。

如今我发现，人生最大的功课是向世界欣然说"是"，如同秋天午后的阳光，让人乐于追随，感受温暖的滋养。

这才是成熟的气场，柔软的力量。

柔软的力量

阿　收　收时尚品牌策划人
　　　　北大MBA总裁班导师
　　　　清华继续教育学院特约导师
　　　　《时尚TOP》全媒体杂志总编
　　　　《阿收说》畅销书作家

　　可欣老师在我最初的印象中是一位独立的女性，在众多感性的女性群体中，她有着稳定的情绪输出，这是令我非常意外的。愿她继续发出光亮，继续影响着很多人的生活，这种影响柔软又充满着力量！我认为她是个有趣的人，她正试图用更好的方式给"围观"她的人分享这些人生感悟，也许正如这本书所说，对于悉心热爱生活的我们，这是非常值得期待的一份美好！生命这一趟，要为有趣的人生而奋斗！共勉。

嘉宾感悟分享

陆　敏　兔大师创始人
　　　　RCI白金会籍中国区总经销
　　　　年销百亿系统操盘手

我和可欣老师现在是事业上的合作伙伴。说到《柔软的力量》一书，从"关系"中体现出来，《道德经》里说道："天下之至柔，驰骋天下之至坚"，懂得"智慧式示弱"，小事上不争输赢，才能关系和睦，在事业上的合作伙伴也是如此，学会说"我承认"可以化干戈为玉帛！

可欣老师是我见过的集智慧与美貌、温柔与大爱于一身的独立女性，她用她特有的柔软的力量温暖着身边的每一个人！

推荐大家一起来阅读《柔软的力量》。

柔软的力量

张语轩 中再生健康产业集团创始人
　　　　　浙商女杰企业联合会理事

十几年前第一次见到可欣，她穿了一件白色大衣，就感觉她是一位端庄大方、有品位的女人。这么多年接触下来，她给我的感觉就是女人的典范，所有女性该有的智慧她几乎都拥有了，特别是在她温柔智慧的背后还有着一颗善良的心，在她生活与工作中的点点滴滴都透露着被传统文化熏陶过的感觉！

《柔软的力量》这本书结合了传统文化与可欣的人生智慧。既是我们女性内外兼修的"加油站"，又是我们女性走向幸福人生的"风向标"。相信这本书可以帮助更多女性找到柔软的力量。

嘉宾感悟分享

王媛 Kinki　Kfly空中瑜伽创始人
连续四届瑜伽体式国际冠军

　　陈可欣老师在《柔软的力量》一书中，充分地展示了她的智慧和恰到好处的平衡。

　　我在超过18年的瑜伽教学和瑜伽课程研发中，更加深切地体会到柔软是一种不动声色的力量。在瑜伽和运动训练中，当我们专注于用生命之气呼吸并贯穿练习的时候，你会发现吸气将气息从你的头顶轮抵达到海底轮时，身体就像波澜壮阔的海洋，温暖而辽阔，深层的筋膜被激活，深层的肌肉被调动，骨盆、脊柱和关节有了新的空间，这就是"扩大""扩展"的意思；呼气的时候被激活的深层筋膜、肌肉包裹住我们的骨盆和脊柱，像一棵参天大树由树根挺拔有力地延展向上生长，来稳定我们的躯干和关节，起到训练中的保护作用，而这就是"控制"的含义！身体的

柔软的力量

稳定会带给关节更大的空间，韧带更健康的伸缩，肌肉更富于弹性的伸展，这就是大家看到瑜伽柔软的一面。正是因为这个空间带来的柔软才会让练习者更有力量地探索自己的小宇宙，激发身体的潜能！相反不柔软的基础关节会受限，身体会僵硬，躯干会因为训练时身体使用过多的表层肌肉而失去稳定和控制，让你过多地发蛮力而疲惫不堪。

瑜伽训练中，需要通过呼吸运动把心"柔"下来，去唤醒和感受体内的能量，平息大脑活动，提升专注力，打开你的身体，创造无限的空间——即柔软性。平稳而有控制的呼吸能增加人的力量和活力。

就像我们的生活，特别是新时代的女性，不断地学习、成长和肯定自己，成就更美好的自己，这就是一种瑜伽训练中脊柱延展向上的力量。养成良好的自我总结习惯，去包容自己的不完美，并及时调整和改变出现的问题，这就像瑜伽的柔软，像水一样包容和不断地净化自己，来升华自己的能量！

很有幸可以在陈可欣老师的书籍中来分享瑜伽中"柔软的力量"，好的训练可以促进健康，身材、容貌的良好改变更能让你的生活、工作、社交具有魅力和能量！

安香主 我国云南少民族拉祜族千年茶树传承人、守护人，
被誉为"茶后"
倡导百年香"心灵茶汤七日茶"生活方式

柔软，让人生静美。

柔软，让世界春暖花开。

非常喜欢陈可欣的文章，她能使我们找到柔软的力量。大家都说认识她的时候，她是那么温柔，可当她站在万人舞台上主持节目的时候，又充满了力量！

我们都是想变得柔软的人，柔软，是高明的人生智慧。

老子云："天下之至柔，驰骋天下之至坚。"

柔软的事物，是温暖细腻的，更是坚韧不拔的。

一颗柔软的心，能细细读出平淡生活的滋味，亦能抵御困难，迸发出战胜困难的无穷力量。

柔软的力量

拥有一颗柔软的心,人生便多了美的韵味与坚韧的光芒。珍惜我们现在的一切吧,因为它来之不易!

好好生活,好好体会柔软,珍惜幸福,珍惜每一刻……当我们的心柔软一些时,世界就会友好很多。

做一个柔软的人,心向阳光,直面风浪;怀一颗柔软的心,善良宽阔,永远坚强。

让我们怀着感恩与美好的心阅读这本《柔软的力量》吧。

长　安　阿瓦塔品牌创始人

20年资深瑜伽士，在印度修习15年，带着传承的力量，致力于帮助更多的人达到完美境界

柔软的力量，这也是我眼中的可欣具有的。

十年前我们在北京相遇，与香香公主一起在三里屯吃云南米粉时初识可欣，第一眼的她温婉知性，气质高雅。在她身上可以看到柔中带刚的一面，讲话时又能感受到她刚中带柔的一面。

我们在探讨中发现瑜伽也讲究阴阳的平衡关系，与"柔软的力量"完美呼应。

如今的社会需要更多可欣老师这样的女性，引领现代女性自省、修身、养心。

《柔软的力量》这本书是可欣老师积淀多年的人生智慧，把知识化成方法，方便更多女性学而实践之，是一本内外兼修的必备书籍。

  身为20年瑜伽修习的瑜伽士，我也一直按"简单生活，崇高思想"的座右铭来完善我的生活。

  柔软又有力量，也是我们生活的方向，帮助每一个女性幸福快乐成长。

朱建霞　诗碧曼董事长

认识可欣，是因为广东邓丽君歌迷会会长"南国邓丽君"姜小味，小味的歌声，我是欣赏的，她是"欣里人"，于是"欣欣相惜"就认识了可欣。

初见就很欢喜，一番交流后很快她就成了诗碧曼的粉丝，后来她在直播间、朋友圈，不遗余力地宣传诗碧曼，将一头乌黑亮丽的长发展现给大家。她除了柔美，更有为朋友两肋插刀的豪气，令人感动。

《柔软的力量》是可欣的心血结晶，她把柔软的故事串成一串珍珠，散发着明亮而不刺目的迷人光辉。

水是柔软的，却能滋养万物；秀发亦是柔软的，能千年不腐；女人是柔软的，却拥有全世界最伟大的力量——爱的力量。

让我们一起走近书中的颜如玉——陈可欣。

柔软的力量

王 珍 新浪教育五星金牌教师
出国名师评比冠军
央视希望之星英语演讲比赛全国冠军
雅思名师
英国红砖名校伯明翰大学PSA奖获得者

陈可欣老师的《柔软的力量》是一本智慧之书。东西方都认同柔软是一种大智慧，即便它在实践上有着很大的难度。对"柔软"这一概念的参悟，我认为，是经历了疾风骤雨后，仍能坚韧生存的人才能得到的。它包含了两个重要的含义：一是审时度势的灵活性，二是包容谦和的雅量。陈可欣老师是我见过的优雅又不失力量、温和又不失潇洒的优秀女性。她的经历励志、传奇、令人感叹！她的认知、品质以及受挫后强大的复原力都令人赞美！因此这本书，不仅是与优雅女性之典范的对话，更是一次古代智慧赋能于现代职场女性的见证。

后 记

《菜根谭》有言:"人有恩于我不可忘,而怨则不可不忘。"

人活一世,最不应该忘人恩,最不应该记人怨。自古,过河不忘搭桥人,吃水不忘挖井人。不论你今后多么辉煌,都不能忘记曾经伸手拉过你一把的人。

人生路漫漫,每个人都会有失意落魄的时候,当我们处于人生低谷,或者事业失败的时候,总有些人,让我们感动,让我们留恋,因为他们愿意伸手拉我们一把,帮扶我们一程,这些人都是我们的贵人、恩人。

为什么有的人生命像阳光一样灿烂,有的人生命却晦暗无光,究其根本,是因为阳光的温暖源于一颗感恩的心。

感恩父母的哺育之恩,感恩老师的谆谆教导,感恩朋友的关心帮助。也因为有感恩之心,在人生的漫漫旅途中即使面对困难挫折,或悲或喜,或忧或怒,我们也能变得更加成熟、坚强和完美。

生活偏爱懂得感恩的人,因为感恩是一种能量的回馈。感恩是一种处世哲学,让我们的心性智慧得以提升,感恩才是生

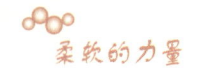

活中最大的智慧。

"羊有跪乳之恩,鸦有反哺之义",这句话很好地体现了"滴水之恩,当涌泉相报"的传统美德,就连我们身边的动物都知道感恩,何况我们有思维、有感情的人类,更应该懂得知恩图报。

说到感恩,首当我们的父母,父母之恩,天高地厚。生为人子的我们有两种身份,既为人子女,又为人父母。常言道:"养儿方知父母恩。"哪一个孩子不是沐浴在父恩母德的庇佑下成长起来的。感恩父母生育之恩,感恩父母养育之德。滴水之恩当涌泉相报。

是的,父母的恩情大于天,他们给了我们世上最珍贵的东西——生命。父爱如山,父亲让我明白了坚强是多么的重要。母爱温暖,一听到心里就流过一股暖流。面对含辛茹苦的父母,我们怎能不怀着一颗感恩的心呢?是他们给了我一切,让我成长,让我独立,让我强大。

"师者,所以传道受业解惑也。"感恩让我们生命智慧增长的老师。老师就像园丁,不断精心培育祖国的栋梁,老师就像蜡烛,燃烧自己却照亮了别人;老师就像灯塔,时刻指引我们前进的航向。"小德川流,大德敦化。"明师可以点亮我们的心灯,成就我们的未来。一日为师终身为父,父母给予我们生命,老师成就我们的慧命。

后 记

  我们生活在感恩的世界里，感恩生命的伟大，感恩生活的美好，感恩父母的言传身教，感恩国家的强大，感恩大自然赋予生命的一切恩泽。倘若没有感恩，人生也会因此变成一潭死水，毫无意义，所以感恩是万善之母，感恩是离苦第一因。感恩之心可以化解人与人之间的积怨，涤荡世间的尘埃。

  感恩不是表面上求得心理平衡的虚假答谢，而是发自内心无言的真诚回报。感恩像春风化雨般拂过每个人的心头，吹散那一片乌云，为那颗伤透的心找回快乐，走向光明。最后，感恩最美的遇见，感恩您的用心聆听，祝福您拥有一颗感恩的心，用柔软的力量去过好每一天。

做一个声音有温度，生命会发光的人！